湛庐CHEERS

与最聪明的人共同进化

HERE COMES EVERYBODY

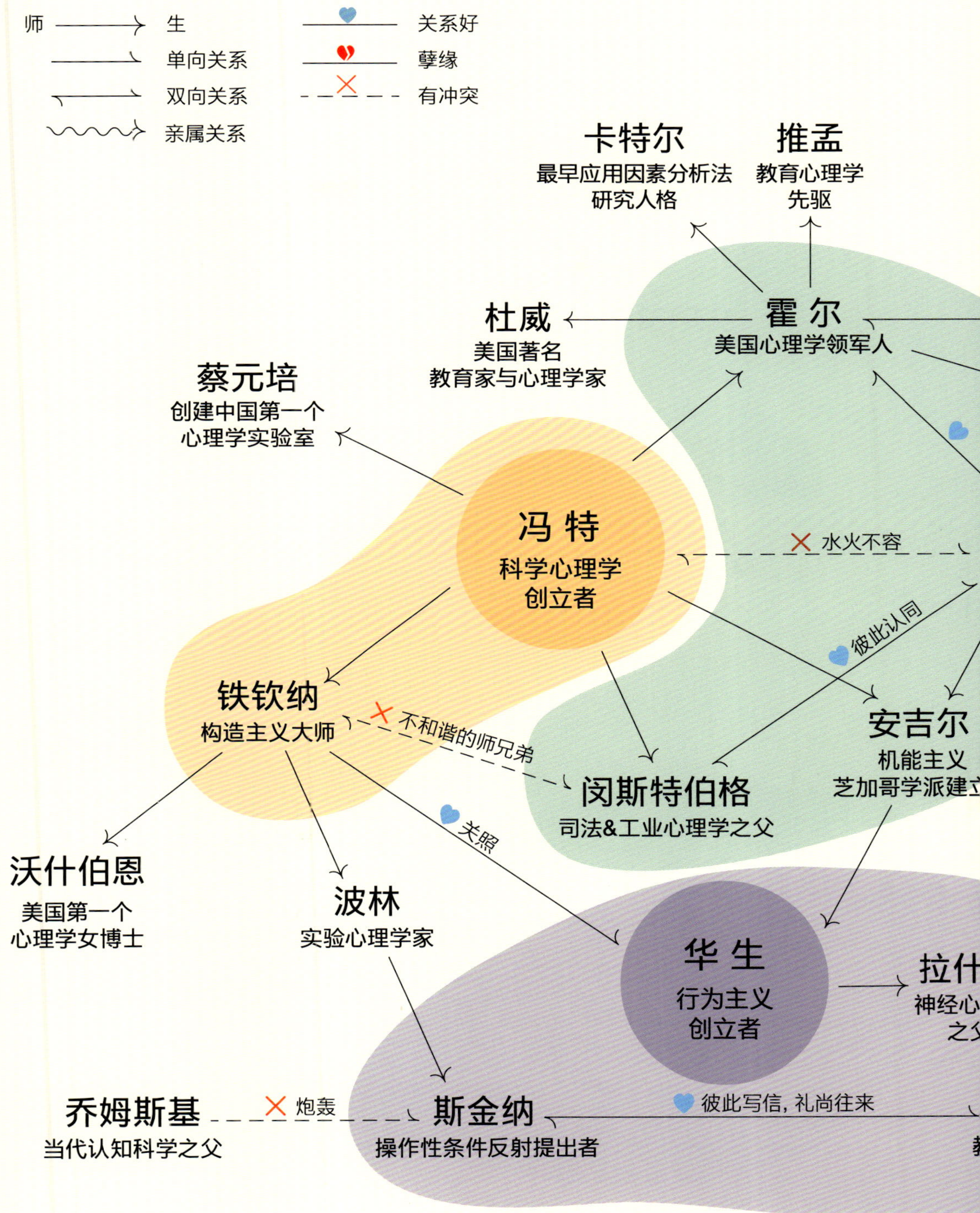

师
生
单向关系
双向关系
亲属关系
关系好
孽缘
有冲突
卡特尔
最早应用因素分析法
研究人格
推孟
教育心理学
先驱
杜威
美国著名
教育家与心理学家
霍 尔
美国心理学领军人
蔡元培
创建中国第一个
心理学实验室
冯 特
科学心理学
创立者
水火不容
彼此认同
铁钦纳
构造主义大师
不和谐的师兄弟
安吉尔
机能主义
芝加哥学派建立
闵斯特伯格
司法&工业心理学之父
关照
沃什伯恩
美国第一个
心理学女博士
波林
实验心理学家
华 生
行为主义
创立者
拉什
神经心
乔姆斯基
当代认知科学之父
炮轰
斯金纳
操作性条件反射提出者
彼此写信，礼尚往来

心理学大神关系图

英雄不是从天而降，而是各有出处

湛庐CHEERS 特别制作

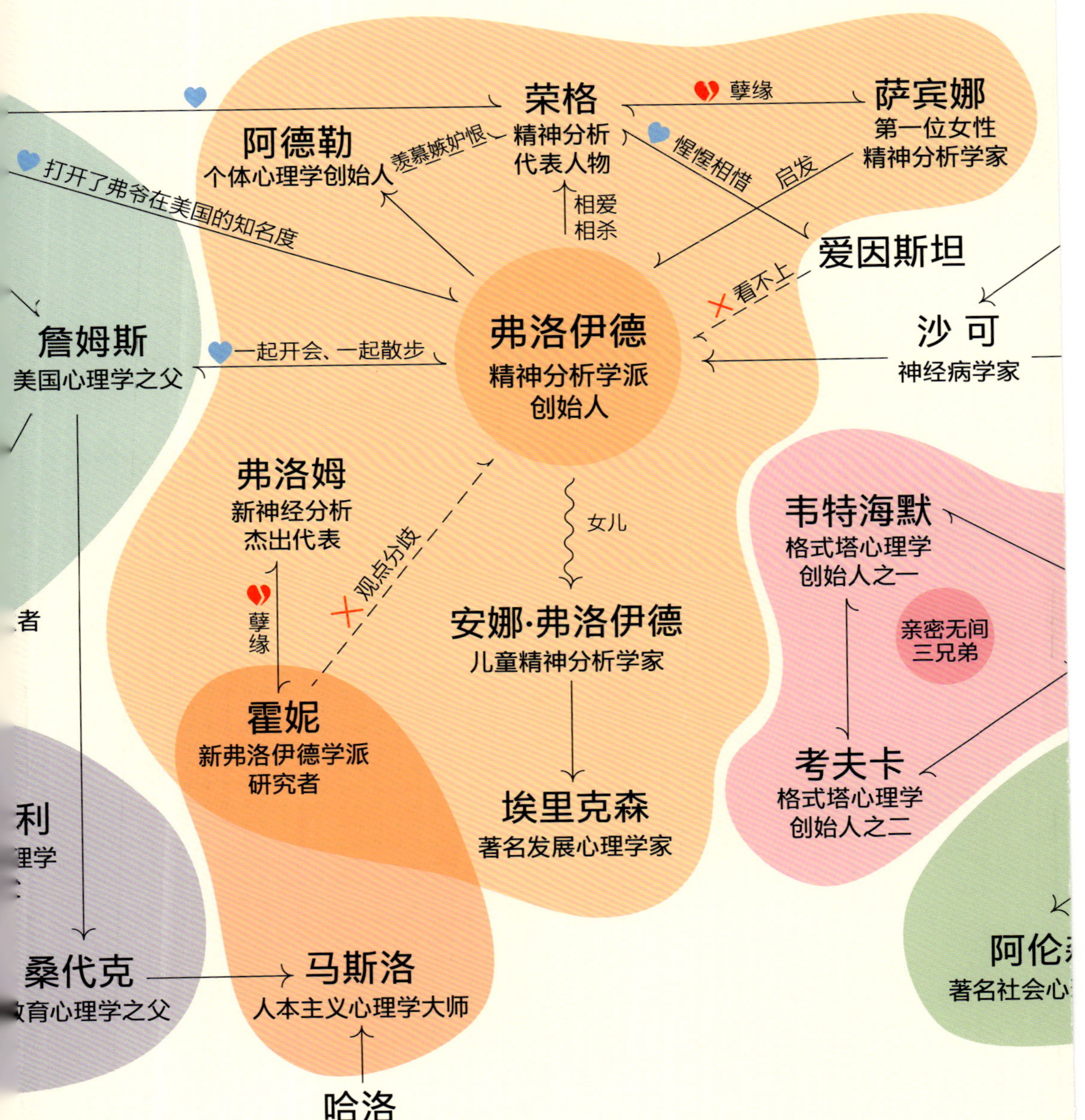

CHEERS
湛庐

爆笑吧！心理学大神来了

THE PSYCHOLOGISTS' TALES

迟毓凯 著

北京联合出版公司
Beijing United Publishing Co.,Ltd.

蛋与鸡，心理学与大神

“斯金纳的鸽子，桑代克的猫，洛伦茨的鸭子水上漂；斯佩里的脑，哈洛的猴，巴甫洛夫小狗腮腺来一刀；你一刀我一刀，皮亚杰的孩子自己教。托尔曼的老鼠走迷宫，苛勒的猩猩吃香蕉。华生的小孩怕白毛，弗洛伊德荣格关系糟，还有一位班杜拉，充气娃娃玩得乐陶陶。”

上面的段子包含了以下心理学历史事实：

斯金纳是行为主义大师，他在大量研究中以鸽子为研究对象；教育心理学之父桑代克用猫做实验，然后得出学习理论的试误说；洛伦茨发现自己养的小鸭子一出生便跟着自己跑，提出了印刻效应；斯佩里是脑科学的先驱者，做了著名的裂脑人实验；哈洛用猴做实验，得出了爱抚对于生物体的重要性；巴甫洛夫用小狗研究条件反射；皮亚杰观察自己的孩子，由此产生了认知发展学说。

托尔曼让老鼠走迷宫，引出目的行为主义；苛勒让猩猩找香蕉，促生顿悟学习理念；华生研究人的恐惧形成，小孩子开始只怕老鼠，后来连圣诞老公公的白胡子都怕了；弗洛伊德和荣格师徒本来亲如一人，但后来因理念而决裂；班杜拉为了研究榜样的作用，安排了一些人偶娃娃，让成人打后再观察小孩子打不打。

这里说的正是历史上那些心理学大家和他的小伙伴们的事。

在心理学历史上，奇人异事甚多。以今日常人的眼光来看弗洛伊德，那就是个“老流氓”，什么问题都是从性的角度去解释；皮亚杰是个“老顽童”，天天琢磨和小孩玩游戏；罗杰斯是个“老好人”，谁的意见都尊重，找他咨询吧，也不给你出个主意；华生则是个“小愤青”，做实验吓坏小朋友；而斯金纳却似“虐待狂”，养了鸽子、小白鼠，不轻易给它们吃食物，换着法子以“折磨”小动物为乐……然而，心理学恰恰因为有这些人而倍添魅力。

如今，心理学已经逐渐成为一门“显学”，“有人的地方就有心理学，每个人都要学点心理学”是许多人的共识。大学生学点心理学，追妹子的时候就更自信；年轻的父母学点心理学，孩子在地上打滚耍赖时就会不再焦虑；职场人学点心理学，遭遇办公室政治风波的时候会更云淡风轻；老板学点心理学，就不会赚了钱而输了感情。

然而，我们也必须看到，心理学并不好学，许多人在学但学不好。他们拿到一些大部头著作并暗暗立下目标，但看着看着，因为理论与研究的专业性、表达的艰深晦涩，很快因为不理解不开心而将心理学束之高阁了。在我们这本书中，我不仅会告诉你一些专业的知识，而且会将这些知识背后的奇闻逸事一起说给你听，让你轻而易举地走进心理学的世界，利用心理学，提升幸福感。比如，很多人知道马斯洛是人本主义大师，他的名著却不一定看得下去，本书不仅用通俗的方式帮你搞清楚马斯洛提出的“高峰体验”这一观点，而且把这背后的故事说给你听，你会看到马斯洛是如何爱上小表妹，最后两情相悦获得高峰体验的。人类的文明就是因为故事传承的，通过故事来学心理学，必然会收到事半功倍的效果。

可以说，心理学是一门充满魅力的学科，有用又有趣。然而，从另一方面讲，心理学在社会上频遭误解误用却是一个不争的事实。

一大误解就是“心理学＝心理咨询”，在许多人的眼中，心理学就是研究心理变态、心理有病的学问，心理学者也都是一些心理有问题的人。其实，心理学研究的内容囊括方方面面，心理学上的历史人物也多姿多彩，看心理学只看到心理咨询，无异于管中窥豹、坐井观天。公众需要看到一个更多元的心理学。

一大误用则是“心理学家的话就是天条，只有遵照执行，人的心灵才能得到救赎”。某些人因为自身的问题与某位心理学家的言论相合，便把其当作神来痴迷，拿其理论当教义来信仰。我要说的是，这些先哲的理论虽然很伟大，但他们也都是普通人，也都有喜怒哀乐，甚至生活中还有滑稽、狼狈的一面。心理学家，在世人面前，需要走下神坛。

心理学科普之路任重道远。工作之余，我在新浪开了微博，说点心理学的事，其目的之一是作为专业内部人士，有义务在公共平台宣传自己的学科；目的之二，在科普之余也权当个人的休闲娱乐，毕竟让别人知道你所从事行业的有趣之处也是开心的事。这其中，以“八卦心理学”为话题，介绍了许多心理学史上的逸闻趣事。内容虽非来自严谨的学术杂志，但基本事实均有出处。当然，为了迎合现在的互联网一代，叙述时往往采用的是现代视角，采用如上的段子手法，甚至采用了一些戏谑之语、网络之言。没想到，在这样一个众声喧嚣的网络空间，这样的内容和表述方式得到了许多专业和非专业人士的共同喜欢，所以就一路走来，悦己怡人地写了下去。

这就是本书的缘起，所以需要注意的是：本书主要以心理学家们的逸事为主，其理论和研究不是重点，即使有所涉及，也往往是点到为止，毕竟，如果想系统地学习心理学史，还是读两本正宗的心理学史教材为正途。另外，这里写的心理学家的故事和正式的心理学史叙述是有区别的。对于本书的写作而言，如果人物的重要性能和其人生的故事性结合在一起，那么最理想。然而，心理学家不一定都有逸闻趣事，有的心理学家在专业的历史上很重要，但其身份就是一个常规的高校教授，搞搞学问，娶妻生子，做很伟大的理论，过很平凡的人生，还真是没什么好说的，不大适合八卦，巧妇难为无米之炊，我这里只能随便说两句，难以独立成篇。而另外一些研究者，虽然名气没有那么大，但人生故事性强，对读者也有意义，我就会说上几句。所以，在本书中，心理学家故事的篇幅有时候与角色的历史重要程度并不一定成正比，本书内容的取舍只能是在两者之间尽量寻找一个平衡点。

想当年，钱钟书老先生对想拜访他的一个粉丝说："假如你吃了个鸡蛋，觉得味道不错，又何必认识那个下蛋的母鸡呢？"可是，听君一席话，胜读十年书，如果能与钱老近距离聊聊人生，所得到的收获肯定会更大啊。鸡蛋味道不错，下蛋母鸡的味道一定更好。本书就是带你走近下蛋的母鸡，近距离聊聊心理学大神们的各种人生趣事，所谓"调侃古今大家、八卦花边往事，幽默中传播知识、玩笑间领悟思想"，有人这样点评我在网络上写的"八卦心理学"。我想，这也是本书的目的所在。

迟毓凯

测一测　　这些心理学冷知识，你了解多少？

1. 行为主义创立者华生退出心理学界后，进入了什么行业？

A. 新闻业
B. 广告业
C. 金融业
D. 零售业

2. 以下心理学著作，首次出版时卖得最不好的是哪一本？

A. 詹姆斯的《心理学原理》
B. 阿德勒的《自卑与超越》
C. 弗洛伊德的《梦的解析》
D. 罗洛·梅的《爱与意志》

3. 在下面几位心理学家中，最喜欢东方文化的是谁？

A. 荣格
B. 勒温
C. 萨提亚
D. 马斯洛

4. 心理学家获得过的诺贝尔奖项有哪些？

A. 诺贝尔生理学或医学奖
B. 诺贝尔文学奖
C. 诺贝尔和平奖
D. 诺贝尔经济学奖

扫码做题，
获取答案及解析。

目　录

The Psychologists' Tales

上篇

雏形时代：

从哲学走向科学

☆☆☆

大神来了

Wilhelm Wundt
威廉·冯特

1832—1920
8月16日

神在哪里：

科学心理学创立者，在此之前心理学就像个流浪儿，是他，给心理学安了家。

何门何派：

构造主义领军人物

他说：

“实验方法可以用来研究心理的基本过程。”

短评：

老学究，时刻带着德国人的严谨，生活规律性和康德有一拼，著作等身，书多，观点杂。

神在哪里：

将冯特的构造主义思想从德国带到美国，是当年典型的学术霸主。

何门何派：

构造主义大师

他说：

“一个男人若不会抽烟就不要指望成为心理学家。”

短评：

“一个在美国代表了德国心理学传统的英国人”，学霸，讲排场，爱憎分明，心肠好。

Edward B. Titchener
爱德华·铁钦纳

1867—1927
1月11日

Franz Mesmer
弗朗茨·麦斯麦

1734—1815
5月23日

神在哪里：

催眠先驱，混进心理学大部队。

何门何派：

一般不属于心理学史的正派人物，邪派。

他说：

“用一块磁石划过病人身体，有时会进入一种昏睡状态，可以用磁力疗法来治病。”

短评：

不当老师当大师，不是不努力，努力错方向了，治学无法，生财有道。科学不行玄学行，能抓住大众的心，玩的是大家喜闻乐见的催眠。

Francis Galton
弗朗西斯·高尔顿

1822—1911
2月16日

神在哪里：

测量与统计的先行者，研究双生子，遗传决定论创始人。

何门何派：

机能主义先驱

他说：

“一个人的能力是由遗传得来的，它受遗传决定的程度，正如一切有机体的形态及躯体组织受遗传决定一样。”

短评：

天才，随便玩玩就能有成就。心理学对于现在的心理学家是职业，对于他只是玩票，除心理学之外，他还是人类学家、优生学家、热带探险家、地理学家等各种家。

William James
威廉·詹姆斯

1842—1910
1月11日

神在哪里：

美国心理学之父，他写的《心理学原理》，影响了一代又一代的心理学人，但自己却不以为意。入选影响美国一百人。

何门何派：

机能主义倡导者

他说：

“心理学是关于心理生活的现象及其条件的科学。心理学是一门自然科学。”

短评：

贵族，抑郁，哲学家，心理学大家，做了很多开创性工作，但害怕别人赞美他是心理学家，最后的心理学搞得有点玄了。

Hugo Münsterberg
雨果·闵斯特伯格

1863—1916
6月1日

神在哪里：
将心理学从实验室请出来，研究现实问题，并将心理学应用于现实，许多应用心理学科的创立者。

何门何派：
机能主义重要代言人

他说：
“实验心理学已经达到这样一个阶段，在这个阶段，人们开始注意它对生活的实际需要能够提供的服务，似乎是很自然的，也是很合理的。”

短评：
面向大众，面向应用的心理学家，与搞基础的同门铁钦纳关系一般；嘴欠，谁都怼，正规的科班教材中很少谈他。

G. Stanley Hall
斯坦利·霍尔

1844—1924
2月1日

神在哪里：
美国心理学领军人物，将进化论与心理发展相结合，探讨青春期和性，心理学界的达尔文。

何门何派：
机能主义

他说：
“我年轻的时候一听到‘进化’这个词，就被它陶醉了。”

短评：
不仅心理学研究得好，还是心理学界官当得比较大的人，是校长，公款支持了心理学的发展。心胸开放，培养了很多人，把弗洛伊德带到美国。

Wolfgang Köhler
沃尔夫冈·苛勒

1887—1967
1月21日

神在哪里:

拿大猩猩做实验，学习顿悟说的创立者

何门何派:

格式塔心理学

他说:

“顿悟学习比通过机械记忆或行为试误学习更符合人性。”

短评:

德国人，“美分党”。多年在小岛上研究大猩猩吃香蕉，是爱研究还是在做间谍说不清，留下一项经典研究与一桩未解的公案。

第1章 牛人们的老师

蔡元培的老师冯特

1879 年德国莱比锡，有位教授很神奇。
建立了科学实验室，心理学史上排第一。
人的意识可分割，就是他倡导的构造主义。
收了徒弟铁钦纳，还把这套带到美国去。
虽然评价不咋的，但科学心理学从冯特算起。

学霸学神　如网络传说中所言，学霸与学神都是学习好，但两者也有区别。所谓学霸，更多是能学、肯学、下常人所不能之功夫刻苦学，最终成绩斐然；而学神，更多则是乐学、博学、自由驰骋学海逍遥学，最终亦四处开花。以此类比的话，在科学心理学历史上，有两位赫赫有名的前行者，威廉·冯特可以算得上是学霸级的人物，而搞心理测量的高尔顿那就是学神。我们先来说说冯特。

冯特童年　冯特出身名门望族，父母家族中有历史学家、神学家、经济学家、地理学家等等；另外一些，不是医生就是官员。有人说，当时的德国没有哪家比老冯家牛。然而，冯特却有一个悲催的童年，哥哥在外求学不在家，妈妈又生了俩孩子，不过婴儿期就夭折了。冯特童年只有一个同龄的玩伴，还是个智力障碍者，几乎不说话。

测尿　吃盐多少会不会对尿液成分产生影响？一个年轻人对此很感兴趣，但出于找不到被试，便亲自出马，自己吃盐自己尿，自己尿完自己测。实验发表了，年轻人也产生了对学术研究的兴趣——这个人就是冯特。一泡尿，照亮了他自己的心理学研究之路。

初为人师　1857 年，冯特到海德堡大学任生理学系教师，开设了一门实验生理学课，开始了大学教师生涯。不过他获得的教职属于无薪岗位，学校不给钱，收入全靠学生凑学费，选修课程的学生越多，老师也就赚得越多。结果，只有四名学生选修了冯老师的课。不久，冯特就生了病，去阿尔卑斯山疗养了。你看，大学“青椒”（青年教师）不好当是有历史传统的啊。

心理学实验室　1876 年，莱比锡大学给冯特分了间房子来放实验器材，房子原先是学生食堂，现在成了冯老师的仓库。冯老师上生理心理学课，要做一些实验，但每次把器材搬到教室太麻烦，就干脆在仓库开课。冯老师是个有心人，仪器越买越多，也霸占了临近的一些房子。1879 年，他开始深入开展心理学实验，科学心理学就这样诞生了。

科学心理学

科学心理学是当前心理学研究的主流形态，以 1879 年冯特在莱比锡大学成立的心理学实验室为诞生标志，是指用客观的、科学的、实验的方法研究心理和行为规律的科学。它不同于精神分析所强调的以质性研究方法来研究意识问题，而是以量化的实验来研究心理学，是一门高度综合性的、边缘化的交叉学科。

名正言顺　冯特的实验室虽然在 1879 年之前就已经运行了好几年，并号称在这一年建立了科学心理学，但其实直到 1883 年，也未获得官方认可，在莱比锡大学官方目录中并没有冯特这个引以为傲的心理学实验室。后来，冯老师生气了，威胁校领导，再不承认走人，要跳槽去别的高校。校方屈服了，认可了冯老师的实验室。牛人就要有牛脾气！

指导学生　冯特 1879 年建立第一个心理学实验室，1889 年成为莱比锡大学的校长。冯校长对学生很严格，从来都是直接给学生指定研究课题。在冯特面前，学生永远只能站着，指导学生的时候，他让学生排成一行站好，然后按顺序给他们分配研究课题，做得好不好都是冯校长说了算，俺们德国人就这么“严谨”。

中国学生　冯特建立心理学之后，各国有志于此的同学都来“朝拜”。其中有一个中国人也来凑热闹，跟冯特学了一段时间的实验心理学，后来回国后投身革命，当了官，成了教育家，并没有从事心理学研究工作。不过，他当校长的时候，追随世界潮流建立了中国第一个心理学实验室——他就是蔡元培，对，就是主张“思想自由、兼容并包”那位北大老校长。

实验心理学

实验心理学是应用科学的实验方法研究心理现象和行为规律的科学，是心理学中关于实验方法的一个分支，它目前已经成为科学心理学研究的代表和主力。它的基础理论包括心理学实验中的各种变量、实验设计、传统心理物理法、反应时法、信号检测论，这些也是实验心理学理论与实验教学的核心和重点。研究对象包括感知觉（包括皮肤知觉、视觉、听觉、空间知觉等）、学习、记忆等方面的内容。

师承　德国生理学家缪勒（Georg Elias Müller）的“神经特殊能量学说”很有意思，认为每种感官都是死心眼儿，只能产生一种感觉，比如眼睛看到光，产生视觉；你打它也不能产生别的感觉，至多“眼冒金星”，这依然是视觉。也就是说，感觉不取决于刺激的性质，而取决于感觉神经的性质。我们的感觉依赖于神经的某种状态，进一步讲，这种理论就是我们感知不到客观世界的一种典型的歪理邪说。现在这一理论的影响已经甚微了，但是缪勒教育的一个人对你我影响就大了，他就是冯特。科学心理学之父，是人家缪勒指导的。

莱比锡之殇　冯特任职的时候，德国莱比锡大学简直就是心理学的“圣城”，学生们竞相追随，它也向世界各地输送了许多心理学大家。但为什么后来莱比锡好像没什么名家了呢？一是第二次世界大战的时候，冯特的研究中心被支持纳粹的势力主导了；二是莱比锡大学有一段时间改名了，直到 1990 年后才改回原名。

学霸的一天　冯特是个工作狂，把他的书加起来算，在没电脑的情况下写了五万多页，这是什么概念呢？行为主义大师华生算过，如果一天读六十页，通读一遍要两年半。当年的冯特，上午写书读论文编杂志，下午就去实验室做研究，然后边散步边备课，下午四点又开始给学生上课，啥也不耽误。不过冯特虽然书多，但可传世的少，美国心理学大师詹姆斯看不起冯特，说当一本书的观点被痛批时，他还在写另外一本毫不相干的书。后来认知心理学家米勒说得更损，冯特就是那种爱迪生说的百分之一的灵感加百分九十九汗水的类型。

翻译　冯特这么勤奋，让一个人受了不少苦，他就是冯特的徒弟、在美国传播冯氏思想的铁钦纳。作为冯特的嫡传弟子，当然以宣传老师思想为已任，不过，当他努力将冯特的《生理心理学原理》第三版翻译成英文后，发现冯老师已经出了第四版。当他翻译第四版时，冯老师那里嗖嗖嗖已经出了第五版，实在跟不上老师的节奏。

写写写　冯特的生活与哲学家康德类似，他一直过得严谨有规律。直到去世，他一直住在莱比锡，几乎从不外出旅行，除了欣赏音乐会以外，也不热衷于公众活动。工作上，在指导学生做实验之外，基本就是写写写，直到八十五岁高龄才退休。他于 1920 年 8 月 31 日去世，享年八十八岁。临终那年，他还出版了一部长达十卷的巨著:《民族心理学》。

遗珠　冯特“著述丰但佳作少”的学界印象可能是由这些原因造成的:一是本来冯特有些东西就不咋的；二是冯特用德语写作，写得又多又快，铁钦纳翻译不过来；三是铁钦纳以冯特传人自居，他本人注重实验相关内容，所以译著中只谈冯特实验的贡献，对其他方面不说。最后，人们对冯特的印象更多来自波林的《实验心理学史》，而波林又是铁钦纳的学生——唉，冯特可能让铁钦纳和波林两个徒子徒孙给“害”了。

如何写出五万页的书稿

波林的导师铁钦纳

出身正统，心理学之父冯特的嫡传弟子，大烟枪，古典范儿。他说，“一个男人若不会抽烟就不要指望成为心理学家”，招了史上第一个心理学女博士；他是当时的学霸，他坚守心理学构造主义传统，却在行为主义挑战者华生落难时出手相助；他是“一个在美国代表了德国心理学传统的英国人”。这个身份复杂的人就是铁钦纳。

系出名门　铁钦纳本科学历很牛，在牛津大学学古典文学和哲学。英国人，德语好，二十三岁游学到莱比锡，他和冯特说，我把您的著作翻译成了英文，想出版。冯老说，我刚写了新的一版。那就别出了，跟冯老接着学吧，两年后搞了个博士。

挟“冯”自重　铁钦纳一直以冯特传人自居，处处模仿老师，胡子都留得一样。在理论上，铁钦纳提出了构造主义，强调极端的元素主义，把意识分成元素来分析，这其实与冯特共同侧重意识的整体与部分并不相同。但有意思的是，铁钦纳说，“我的观点就是我老师的意思，冯老一直是这样认为的”——估计铁钦纳熟悉中国“挟天子以令诸侯”的历史，心想：反正冯特也没来美国，我就是冯老师在美国的代表。

构造主义

构造主义主张心理学应该研究人们的直接经验，即意识，并把人的经验分为感觉、意象和激情状态三种元素，并认为所有复杂的心理现象都是由这些元素构成的。构造主义研究者重视内省，主张将内省与实验方法结合起来，在他们看来，了解人们的直接经验，要依靠实验过程中被试对自己经验的观察和描述。

漂在美利坚　美国心理学家安吉尔是冯特的第一批美国留学生之一，回国后遇到一个对颅相学感兴趣的有钱人，收了人家一笔研究资助。安吉尔用这笔钱在美国康奈尔大学建立了第一个心理学实验室，缺人，便向学校推荐了铁钦纳。当时铁钦纳在牛津教生物，因为学校不开心理学课，正郁闷呢，一听这个消息，就来美国了。不过，答应好的颅相学，安吉尔和铁钦纳都不玩。颅相学在历史上曾经很流行，但和相面一样，当前是伪科学的样板了。

颅相学

颅相学是一种认为人的心理与特质能够根据头颅形状确定的心理学假说。颅相学家们认为大脑是心灵的器官，而心灵则由一系列不同的官能构成，其中每一官能便对应了大脑某一特定的区域。这些区域被认为按一定比例构成了人的颅相特性。同时，颅相学家们还相信，颅骨的形状是与大脑内这些区域的形状相关的，因此通过测量人的头颅便能够判断每个人不同的人格。

讲究人　铁钦纳出身牛津，到美国后受聘于康奈尔大学。铁老是个非常讲究的人，到康奈尔后校长请吃饭，他拒绝了，因为校长没有亲自登门邀请。校长解释说，自己太忙了，忘记了这些社交细节。铁钦纳说，别装，你可以派车夫过来送请柬啊。校长照办了，铁老就出来赴宴了。你看，即使是校长，当年请名教授吃饭也不容易啊。

紧跟冯老　铁钦纳受冯特影响深，带学生方式都一样，爱给学生指定方向，指定方法。他强调心理学是一门基于经验和实验室的科学，是对正常成人心理的研究。对儿童、动物或者精神病患者的心理研究，都不是“正宗”的心理科学。我们心理学家说的心理和你们“外行”想的不一样，你们的都不科学，不科学啊……

心理

心理指一个人一生所发生的心理过程的总和，这里的总和表示心理学研究的是整个经验，而不是它的一个有限部分。铁钦纳认为，所有科学的研究对象都是经验，物理学和心理学所处理的是同样的物质和材料，区别在于物理学等自然科学研究的经验是不依赖于经验者的经验，心理学研究的是依赖于经验者的经验。

纯科学　铁钦纳强调的是“纯”科学的心理学，被试都得训练，比如让他们戴上眼罩，用科学内省的方法来说说丝和绸的区别。其他的心理学研究都是不正宗的：心理测验，那是廉价货；教育心理学，那算什么学，就是教育技术；工业心理学，则是科学的堕落；心理疾病研究，根本就没用……反正你们感觉有趣和重要的，都不纯。

教授范儿　铁钦纳是个个性极强、作风霸道的教授。在康奈尔大学教书的时候，每次上课都要穿着牛津大学的学者袍，从一扇专门为他打开的门走进教室，一副“贵族派头”。要有助手把上课所需的一切都安顿好，他才上台授课。资历尚浅的年轻教师，也必须到教室来听他的课，还指定坐在前排。

大烟枪　都知道弗洛伊德叼个烟斗样子酷酷的，其实心理学历史上烟瘾更大的人是冯特传人铁钦纳，他认为不会抽烟的男人成不了心理学家。因此，他不仅自己抽，而且还带着学生抽，他的学生有些本来不抽烟，但和铁老师见面，也要装装样子，抽上一根。铁老师组织的课题讨论会也常喷云吐雾。那女生不抽烟怎么办呀，人家的讨论会根本就不允许女生参加。

抽烟起火　铁钦纳指导学生论文，边抽烟边吹牛，一不小心把胡子点着了。由于老铁平时太过威严，又谈得兴起，学生一开始没敢打断他，后来见老铁还是毫无感觉，学生才赶紧说，铁老师，铁老师，胡子着了呀！！……火被扑灭后才发现，铁老师的衬衣和内衣的领口都已经被烧坏了。

女性与不抽烟者禁入　铁钦纳的“实验主义者协会”讨论一直拒绝女性参加，有些女学生为了一探究竟，甚至要潜伏在会议室的桌子下偷听。至于反对女性参与讨论的主要原因，铁教授说：“妇女太纯洁了，不能吸烟！”

女博士　铁钦纳不让女生参与他的讨论会，但绝非性别歧视，他的第一个研究生就是女的。这个女生叫沃什伯恩，她对铁钦纳新鲜的实验心理学很感兴趣，申请了铁钦纳的研究生。铁老师刚到康奈尔，虽然胡子长，但年纪不大，才二十五岁。学生招了，其实也不知道怎么带。不过女学生很争气，后来还读了铁老的博士。

女叛徒　铁钦纳的女学生沃什伯恩也是个人物，她是美国第一个心理学女博士。硕士论文就发表在师爷冯特主编的《哲学研究》上了；不过翅膀硬了之后，她对冯、铁体系不大感冒了。一次讨论中，她说好像闵斯特伯格（这个人搞应用）和艾宾浩斯（这个人搞记忆）的研究比冯特更有价值，铁钦纳很不满意，说你想干啥，冯老怎会不好？

得意门生　铁钦纳有着学霸们共有的脾气，顺我者昌，逆我者亡。不同意我观点的，一律打倒；对老师忠诚的，热情有加。铁老最得意的门生是波林，波林两口子都是铁老学生。那波林也真是认真，为了一个小实验，探索感受性的恢复，他割断了自己前臂的一根神经，然后等它再生，一等就是四年，然后写了文章……

过生日　　铁钦纳过生日，叫了好学生波林赴宴。铁老很高兴，大烟枪饭后拿出一支雪茄递给波林，来，整一支。波林不抽烟，但老师敬烟不抽就是找抽，强忍抽完，然后出去哇哇吐……铁钦纳看到感慨，这是好学生啊，随后铁老决定，以后每年生日都在波林家过，饭后都抽雪茄。

月亮错觉　　波林做过一些知觉研究，包括皮肤感受性、视觉大小恒常性、月亮错觉等。对于“月亮错觉”，他认为月亮在天顶显得小，在地平线显得大，是由于眼睛上仰造成的。然而，波林在心理学江湖上赖以成名的，不是那几个研究，而是一部经典的《实验心理学史》，商务印书馆早就出了，南京师大的心理学史老专家高觉敷译的。

波林写史　　波林的《实验心理学史》经典到什么程度呢？有人用长句评价：“任何人都似乎很难认为有必要再去编著一本像波林这本书那样精确而有决定性的早期实验心理学史。”——波林这部著作，用英雄史观和时代精神说来分析心理学史，哪哪儿都好，就是出于可理解的原因，写冯特和铁钦纳有点不客观，不过也可以理解，自己的师爷和师父，自己不夸等谁来夸？

吹捧老师　　波林师承铁钦纳，所以在写心理学史的时候，把铁钦纳写成了冯特正宗传人的样子，别无分号。其实冯特的思想包括纯实验这块，也包括民族、社会心理学那块，但铁钦纳不说，波林也不说。由于波林著作影

一流心理学实验者早期拼命史

响太大了，所以造成你我心目中冯特和铁钦纳一个样，都是傻乎乎地研究意识元素的家伙。

老师不怕马屁响　“多么伟大的一个人！他一直是在与我曾经有过密切联系的人中最接近天才的一位。他总是有意想不到的建议。如果你有蘑菇，他会告诉你如何去烹制；如果你买了橡木地板，他会立即说出橡木的好处；如果你要结婚，他立刻有建议；如果你正度蜜月，该回来的日子他会写信提醒你……”——这是波林夸铁钦纳的话，不过分吧？老师和学生，一定要养成相互吹捧的好习惯。

性情中人　铁钦纳虽然坚持保卫起冯特的领导地位以及心理学的科学性，对此爱憎分明、疾恶如仇，不过他也有温情的一面：有一次谈到艾宾浩斯，他说艾宾浩斯 59 岁就死掉实在可惜，他的著作和冯特一样重要；而且，在华生出现性丑闻的时候，铁老没有落井下石，相反，他还是给予资助的少数几个心理学家之一。

遗忘曲线　铁钦纳说的艾宾浩斯是谁啊，只要是你用过单词记忆软件或者单词书，一定会听到他的名字。那个著名的遗忘曲线就是他搞出来的，就是遗忘先快后慢，记东西要及时复习，过度学习才是硬道理，等等。他创立了记忆研究的实验室范式，统治了心理学近百年，与对冯特颇有微词不同，詹姆斯称艾宾浩斯为德国“最优秀的人”之一。

宅男研究　介绍一下艾宾浩斯的研究，他的记忆研究可以说是典型的理科宅男研究了。自己设计，自己找材料，以自己为被试，最后自己出报告，设计了一系列现实中毫无意义的音节，如 zog、xot。每天反反复复记忆、测试，再记再测……然后记忆规律被总结出来了。

原创　艾宾浩斯的记忆实验具有高度原创性，首批实验 1880 年就完成了；注意，冯特的实验室 1879 年建立，也没做啥影响深远的实验，就成了心理学诞生的标志；艾宾浩斯的《心理学大纲》也是通用教材，那句"心理学有个漫长的过去，但有个短暂的历史"脍炙人口。但为啥影响力和冯特、弗洛伊德这些人没法比呢？

没传承　艾宾浩斯是心理学界的独行侠，看了本心理学的书就开始搞研究。非科班出身，也不在心理学系工作；没有研究室，也没有被试，除了他自己；没有老师，也没有学生，更没法建立一个冯特、弗洛伊德一样的学派。所以，在他以自我为对象，研究了著名的记忆规律之后，没人抬轿子宣传，加之 59 岁就英年早逝，理论没有得到传承。

郁闷了　回来再说铁钦纳，晚年的铁钦纳是比较郁闷的，眼看着机能主义和行为主义成了主流，自己的构造主义没人信了。他变得沉默寡言，也不怎么搞研究了，基本退出了心理学界，开始玩钱。没错，铁老大部分时间都在收集和研究古钱币，还学了阿拉伯文和中文，成了钱币收藏的专家。六十岁，卒。

机能主义

机能主义也主张研究意识，但是他们不把意识看成个别心理元素的集合，而看成川流不息的过程。在这派学者看来，意识是个人的、永远变化的、连续的和有选择性的。意识的作用就是使有机体适应环境。它强调意识的作用与功能，认为意识状态是一种连续不断的整体，称为"思想流、意识流或主观生活流"；人和动物的心理活动都是"本能"冲动的作用。同时机能主义者大多是实用派，试图运用自己的发现改善个人生活、教育和工业等。

复杂人　铁钦纳是个纠结的心理学家，主要在美国工作，但一辈子说的是正宗英国伦敦腔，自封是德国冯特在康奈尔的代表，做派看上去比德国人更德国。有人评价，铁钦纳“从血统上说是英国人，从气质上说是德国人，从栖息地上说是美国人”，总之，是“一个在美国代表了德国心理学传统的英国人”。

弗洛伊德的师爷麦斯麦

弗朗茨·麦斯麦，史书上常提的催眠第一人，“催眠之父”。麦爷是个人物：在维也纳医学院获得医生资格的著名医生，上流社会人士，皇室的座上宾，艺术家、音乐家的朋友。往来无白丁，交往的都是莫扎特、法国王后之类的“高大上”人物。不过很明显，他也是一个不靠谱的人，听听他博士论文的题目：“论行星对身体的影响”。

神人神理论　神人总有神理论，麦斯麦认为，行星可以产生神秘的力量，通过磁石影响人体，就像月球引力通过潮汐影响海洋。麦说，当他用一块磁石划过病人身体，病人有时会进入一种昏睡状态，可以用磁力疗法（又称“麦斯麦术”）来治病。而且，经过他的努力，这种磁力疗法已经达到“治疗的艺术顶峰”。反正他的理论要多疯就有多疯。

磁力疗法

磁力疗法，即麦斯麦术，是一种古老的“催眠术”，由维也纳医生麦斯麦发现的。当时流行着一种占星术理论，认为天体、人体以及其他各种物体内都蕴含着一种“磁气”，这种“磁气”可以在各种物质之间流动与交换。而人之所以生病，是因为体内磁气不足或不平衡，通过通磁能够治病。基于此，维也纳医生麦斯麦设计了“磁气桶”对患者进行磁力催眠。后来这种通磁的理论被证实并不成立。

说实话，麦斯麦当时的理念也是比较先进的，紧贴最科学的物理学发展，将磁力啊、电啊用到治疗中，就类似于用相对论解释跟你妈在一起感觉过得慢，跟情人在一起感觉过得快，用量子力学来说明女人的心不可测一样的思路，把这些纯纯的物理学理论用到心理学之中，就有点古怪了。其实心理学家勒温等人也是这么干的，勒温的心理场论就是受当时物理学场论的影响，不过麦斯麦的理论不如人家嫁接得法。

物理学场论和心理场论

场（field）是由物理学界首先提出的一个概念，用于描述物体在空间中的分布情况。有关物理场的理论模型被称为“物理学场论”。“心理场论”由德国著名心理学家勒温提出，借用物理学场论的观念，将场论作为一种分析和处理问题的方法。场论的两个最基本概念是心理紧张系统与生活空间。当人内部存在需求，就会处于一种心理紧张系统中，张力的释放为人的心理活动或行为提供能量。生活空间即影响某时刻个体行为的整个主观环境，也就是其心理经验的总和。心理紧张系统与生活空间紧密联系，共同构成了个体的心理场。

从老师到大师　麦斯麦本来在维也纳大学当老师呢，但总玩“麦斯麦术”这种玄幻，同事们也都不满意，麦爷你这么“作”你父母知道吗？后来大学就把他开除了。做不成老师可以做大师啊，麦爷来到大都市巴黎，自己开诊所，用勤劳的双手撑起了催眠大业的一片天。

催眠秀场　大师需要大场面，麦斯麦在巴黎最繁华的街道开了一家豪华诊所，装修那叫一个如梦如幻、豪华大气，助手聘的都是皇家医生，总之气势上赢了。名声越来越响，每次神秘出场，他就穿得像个魔术师，手持铁杖静静在众人面前走过，然后逐个来声“睡吧”，众人便被催昏迷了。

“正”不压“邪”　麦爷的粉丝越来越多，渐成气候。当然，也有不满意的人啦。宗教界的教士说麦斯麦这个是邪教啊，他就是魔鬼；医学界更气愤，说他是麦庸医、麦骗子、麦败类……麦爷没被吓倒，反倒自信满满，他向法国医学院约战：选二十个病人，一半你们治，一半我来治，看谁治得好。不服来辩，结果医学界没人应战。

死守秘诀　后来，麦斯麦的铁粉法国王后玛丽建议，要不政府花大价钱买你的方子吧，给你一座大别墅和一笔终身津贴，只要你说出催眠是怎么玩的就行。麦爷毅然决然拒绝了高薪诱惑，毫不回头走上了继续行骗的道路。1784 年，法国科学院找了一批专家调查了一番，这个麦到底怎么回事啊？结论很明确：瞎扯呗！

豪华调查　对麦斯麦磁力催眠的调查阵容很豪华，法国国王路易十六亲自任命了一个由科学家和医生组成的联合调查团。美国那个放风筝的天才本杰明·富兰克林以及“近代化学之父”法国化学家拉瓦锡都是其中的成员，该调查也是科学史上极具里程碑意义的事件：第一次政府组织的科学造假调查，同时运用了现代科学心理学研究中喜闻乐见的安慰剂效应理论和双盲评价法。调查的结论是催眠的效果不是源自催眠本身，而是患者自身的想象力。

安慰剂效应

安慰剂效应又称为假药效应，最早起源于医学实践过程，指病人自身对治疗手段的积极期望引起了病情的好转。后来，安慰剂效应被广泛应用到各个领域，指由事物的象征性意义而不是事物本身引起的心理生理变化。

双盲评价法

双盲评价法指的是在评价与被评价双方互不知道对方信息的情况下进行的评价，旨在排除评价双方由于主观因素而引起的对评价结果的影响。

就不承认　当然，催眠也并非没用，有一个案例：一个女性癌症病人快死了，然后被催眠，隔天步行十五英里，写作十五页文稿，毫无倦怠。但医学界不承认，说这个女的歇斯底里。此外，在麻醉剂缺乏的时候，一些医生在手术时采用催眠达到麻醉效果，有一个印度外科医生成功病例达三千多。但医学界不承认，文章不给发。

名师高徒　麦斯麦之后，在巴黎继承了他催眠衣钵的人叫马丁·沙可。在当时，沙可是公认的“世界上最伟大的神经病学家”，他的诊所基本就是精神医学的圣地。沙可用催眠给病人治疗，还常常进行催眠的现场演示，吸引了很多人前来学习。其中有一个人叫比奈，后来搞了出名的智力测验；另一位更有名，他就是弗洛伊德。

弗洛伊德也催眠　从沙可那里学了催眠，弗洛伊德也想在自己的诊所里用，不过弗爷用不好。在他的理解中，病人必须达到深度催眠状态才能有好的疗效，但他催眠水平太烂，十个人能催出一个就不错了。弗爷很郁闷，要不咱别催了，有啥说啥想到啥说啥吧，自由联想就来了；或者来个更省事的，你直接说你的梦吧，这就是释梦的由来。

有人总结了弗洛伊德放弃催眠的三点原因：①有些人无法被催眠；②弗洛伊德本身对催眠不够熟悉；③患者容易对催眠师产生性依赖——笔者对第三点存疑，弗爷自己创造的自由联想还能引起移情呢，他还不是乐此不疲？这就有些“以小人之心度君子之腹”了。笔者觉得弗爷放弃催眠的原因很简单：他玩不转。

自由联想

自由联想是精神分析学派的技术之一，是一种让来访者在清醒、放松的状态下，讲出头脑中出现的任何事物，不进行意识加工，不加任何批判，让语言自由流淌的技术。自由联想法的最终目的，是发掘来访者压抑在潜意识内的导致痛苦的情结或矛盾冲突，把它们带到意识中来，使来访者对此有所领悟，并重新建立现实性的健康心理。

从催眠到性　沙可对弗洛伊德的关键影响不是来自著作和神奇的现场催眠，而是来自聚会胡侃，他谈起一类案例：妻子一贯体弱多病，丈夫有性功能障碍，原因是什么？沙可只强调了一点：“在这类案例中，始终有一个性的问题，一直如此，一直如此，一直如此。”更详细的缘由沙可没想明白，但弗洛伊德整明白了，“流氓的”性学理论就诞生了。

催眠害死人　搞智力测验的那个比奈，原来也是跟着沙可学催眠的。与别人合作，宣称在催眠中搞出了大发现，可其他学者怎么也重复不出来。

比奈说你们蠢啊。后来，有人重复了他的结果，不过用不到催眠、磁铁，用暗示就行，换句话说，比奈的发现不过是暗示的结果而已——比奈崩溃了，催眠害死人啊！不玩催眠玩测验了。

心理学家写小说　比奈因为研究催眠，学界名声变臭了，很受伤。不玩这个了，他和同事西蒙一起搞了“比奈－西蒙智力测验”，但从未和西蒙谈及之前的催眠研究经历，性格也越来越孤僻，觉得没脸见人，很少参加心理学家们的集会，当时美国心理学领军人霍尔邀请他去美国，他也不去，在家写恐怖小说。弗洛伊德受邀就去了，就成名了。

虽然远离心理学界，但比奈的小说还是和心理有关，主题大多涉及恐怖、谋杀、精神病，其中四部戏还登上了巴黎的舞台，获得了成功。

看孩子　说回比奈，他离开催眠界，没啥事干就回家看孩子，琢磨自己孩子的个体差异：老大吧，精力集中；老二吧，更加冲动；但让他们做题，两人总犯同样的错误，咋回事呢？比奈研究出来的东西不多，不过后来，这事让儿童心理学大家皮亚杰研究明白了——用自己的孩子做研究，起于比奈，达于皮亚杰。皮亚杰最初的工作就是给比奈的同事西蒙当助手，因而比奈自己在家琢磨孩子的工作直接影响了皮亚杰。英雄从来不是从天而降，都是有出处的。

智力测验　比奈犯错误在催眠，成名在心理测验。再说个测验的事。法国人布洛卡有个常人不理解的怪癖，收集尸体。当然，配合他的职业就好理解了，他是一名医生，想了解人的大脑构造，便找来许多尸体解剖大脑，结果发现男性脑容量远大于女性；对史前人类脑容量的测验也有相同结果，只不过现代人脑袋更大。他推测，在人的进化中，男性靠奋斗竞争生存，要保护家庭，脑就大了；女性被动，生存环境范围小，脑就没那么大。所以，男的就是比女的聪明——不科学，但这就是智力测验的开端。

布洛卡区　　布洛卡的发现也并非都不靠谱，在人的大脑中，存在某个区域，如果受到损伤，就会说话不利索，无法说出流畅的句子，一讲话像发电报一样，一个词一个词往外蹦，不成句，也不符合语法。这个区域是布洛卡发现的，就叫布洛卡区。受到损伤后的表现称为布洛卡失语症，也叫表达性失语症。

第2章 02

有性格的先行者

学神高尔顿

弗朗西斯·高尔顿除了是心理学家，还是人类学家、优生学家、热带探险家、地理学家、发明家、气象学家、统计学家和遗传学家。对了，他还是那个提出进化论的达尔文的表弟。典型的“高富帅”，出身贵族，聪慧过人，家产万贯，为气死人而活。家里就有图书馆，而且里面的书都是作者们自己送的。所有的研究都是因为兴趣，随便玩玩心理测量，就整出了相关、回归的思想，坑害了后世许多统计不过关的孩子。

玩着学　人比人气死人，“学神”高尔顿一岁认字母，两岁能读书，三岁时会签名，四岁能写诗；七岁你能上小学学拼音了，而高尔顿大哥这时候在读莎士比亚！读书在剑桥，毕业后也不用找工作，因为人家贵族，没有工作的概念，这辈子也没上过班。一生到处转着玩，顺便研究这个那个，一不小心还就有名了。

熊孩子　“亲爱的阿黛尔：我四岁了，而且我可以阅读任何英文书籍，除了五十二行的拉丁诗以外，我能说所有的拉丁语名词、形容词和主动动词。另外，我能计算任何数之间的总和，我会背英式乘法表，我还能读点儿法语，认识钟表。”——气死人不偿命的熊孩子高尔顿四岁时候写的信。

吃巴豆　高尔顿大学学医，什么也阻挡不了这个“高富帅”的好奇心。既然学医，脑中神农氏，心中李时珍，一定要尝尝各种药的味道，验证一下疗效。本来想按照药典中 ABCD 的顺序挨个尝下去，谁让咱有钱呢？结果，尝到强力泻药巴豆油的时候，实在拉得受不了，不玩了。如果当时有“泻停封”，他还能继续。

联想测验　天才高尔顿设计了两种联想测验。第一种，要求被试对一个刺激词做出联想反应，并记录反应内容和时间；他发现，40% 的联想源于童年经验。第二种测验中，他允许被试的意识在一段时间内“自由活动”，然后捕捉考察曾经出现过的观念。这两种测验，后来成了弗洛伊德、荣格的宝贝，其实高尔顿早玩过了。

联想测验

联想测验的基本方法是自由联想，通常由主试先呈现一个刺激（一般为词或图片，以听觉或视觉方式呈现），然后要求被试尽快地说出他头脑中浮现的词或事实，据此来测定人的能力和情绪。其中自由联想与控制联想相对应。在应用自由联想时，对被试的反应内容，不加任何限制，但反应一般约定只以语言方式（单词形式）呈现。荣格就曾利用了词语联想测验来开展自己的研究，以此来探寻个体的内心隐秘世界。

辨别力　高尔顿设计了一套颜色、味觉和触觉辨别测验，比较了一些人，然后断定男人比女人有更灵敏的辨别力。高尔顿说，你看钢琴调音师都是男性，品茶师、品酒师等类似的职业也是男性；如果女性在这方面表现好，老板应该雇女员工的啊。总之，你们女人啊，差啊——反正这小子论点论据都是歧视女性。

天生的　双生子研究今天常被用来研究遗传和教养的关系，而遗传决定论主要是由高尔顿提出的。在这之中，明尼苏达双生子收养与研究中心的研究非常有名，实验者找到了一百多对幼年就分开抚养的双生子，对他们进行了各项身心测验，结果发现，70% 的 IQ 变异与遗传有关，人格、气质、职业、业余爱好、社会活动等方面，分开抚养和一起抚养相似度一致；而且双生子在特殊习惯、口味、习性以及病史方面惊人相似。这说明，你笨是天生的。其实，近期有人发现幸福感也有 50% ~ 80% 的概率是可遗传的，不过，这种让大家没啥希望的研究结论我们一般不爱传播，太不正能量了。

双生子　研究遗传和环境的作用常常用到双生子，史上最有名的双胞胎是“吉姆兄弟”（Jim twins），他们幼年分别，成年再聚。研究者发现：他们习性相似，抽烟喝酒方式一样，讨的老婆都叫琳达；都离婚再娶，新老婆都叫贝蒂；都给儿子取名字叫艾伦；都养了条狗，取名都是特洛伊——别总抱怨社会了，天生如此。

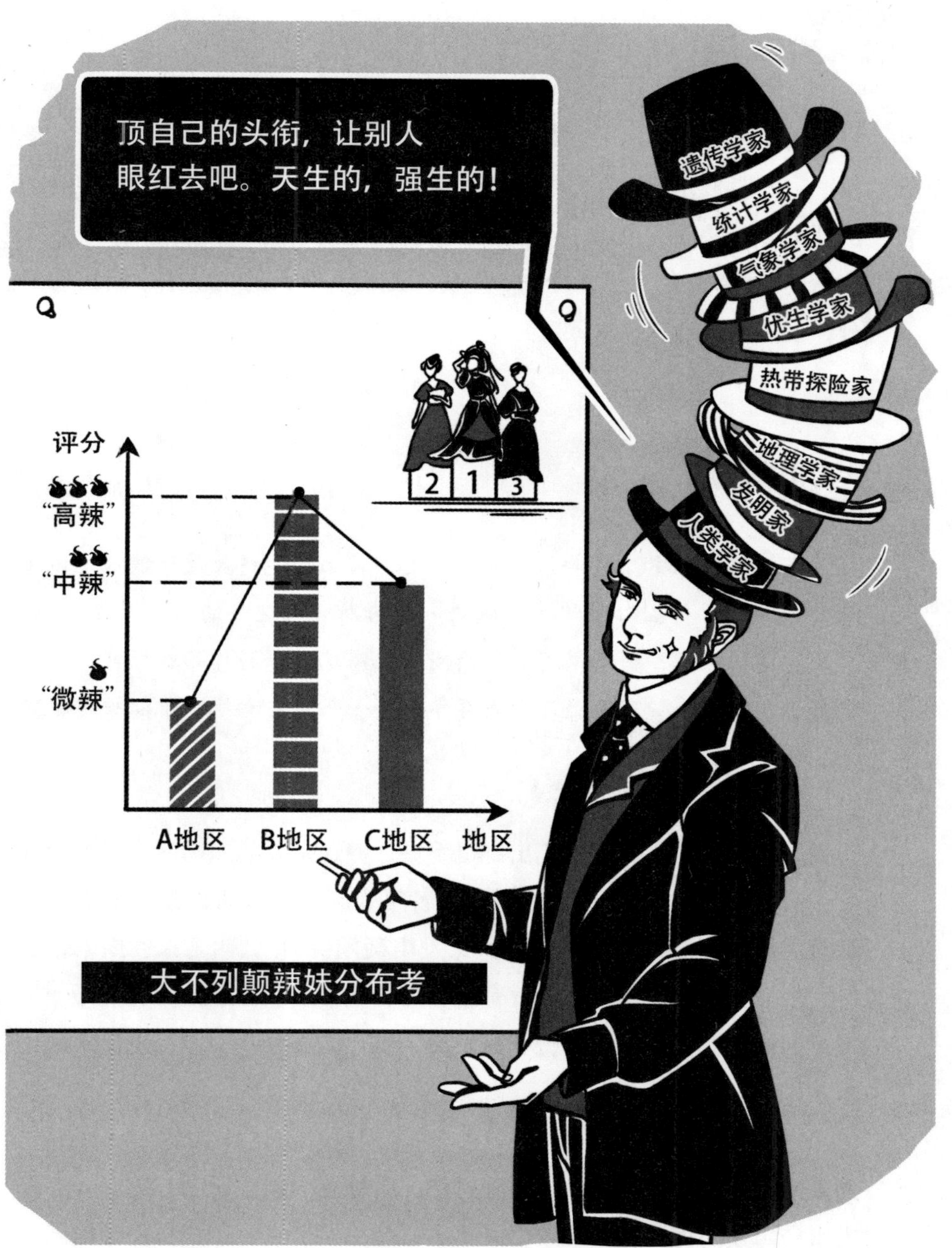

比脸书早一百多年的辣妹评分

打分　总之，和达·芬奇一样，学神高尔顿是个多才多艺的人物：是气象学家、发明家，还是人类学家和探险家……当然，在心理学界的影响主要在测量和遗传方面。再举一例，根据调查，他曾制作了一张英国“美女表”，指出英国哪里的女子最漂亮，哪里的最丑。今天的大学生给路过的美女打分，就是在向高尔顿致敬。

有钱人詹姆斯

在老百姓的印象中，哲学、心理学这类形而上的学科就是有钱人吃饱了没事琢磨出来的，美国心理学之父威廉·詹姆斯就是这样的人，天生贵族，涉猎广泛，建树颇多，影响深远。一谈问题就高端，一写作品就经典，一不小心就成哲学大师、心理学大师、教育学大师……来看看他这难以被超越的一生吧。

有钱之家　虽说冯特家庭出身也不错，但还是不如詹姆斯，冯特家族还得成个什么学家、专家之类的才变成名门望族，詹姆斯他家，啥也不用干，就像《唐顿庄园》那个贵族老太太发出疑问：“什么叫工作？周末什么意思？”——就说小詹姆斯受点教育这个事，他爹多次往返欧洲和美国，不停搬家，为啥？哪个学校好，就往哪里搬，谁让咱有钱呢！孟母也比不上小詹他爹。

大人物　冯特是一心一意名垂青史，劳神费力创立科学心理学；心理学对人家詹姆斯而言，就是玩票，一不小心就成了名家，正式身份是美国本土第一位哲学家，同时还是心理学家和教育学家，机能主义中的实用主义思想就是从他这儿来的。2006 年，詹姆斯被《大西洋月刊》评为影响美国的一百位人物之一，位列第六十二位。

难以企及　　詹姆斯十三岁之前，就已经上过纽约的十几所名校；十九岁时，就已经在美国、瑞士、法国、德国和英国接受过多种专业教育，精通五种语言，并对欧洲所有的大型博物馆了如指掌。至于家庭教师之类的，就不用说了……反正想想你十九岁时在干什么，就知道像詹姆斯这样的贵族，一般人是难以企及的。

去哈佛　　小詹姆斯想学画画，家里马上请有名的画家指导，不过后来小詹真的爱上画画，他爹不干了：这不是正经营生啊，画画这个玩玩可以，但咱贵族以后卖画，丢不起这个人啊。詹姆斯不听，很恼火，天天画食人恶魔。老爹没办法，昏倒了，说我要死给你看。詹姆斯一看觉得算了，我去哈佛读书好吧，就这样上了哈佛。

养养病　　进了哈佛，詹姆斯先学化学，后学比较解剖学和生理学，后又改学医学。学了医，便对医不满，觉得除了外科医生干点正事，大多医生就是吓唬病人，然后骗钱。不跟你们玩了，陪一个博物学家远征南非考察玩。接下来生了病，而且还不容易好，那就到欧洲去养养病吧。在德国的温泉中修养一年半，看文学和哲学玩。

抑郁症来了又走　　看文学哲学，顺道就看到了心理学。詹姆斯做出判断：这心理学啊要火。想去莱比锡会会冯特，不过没有成行。回美国，继续读医学，搞到了博士学位。不过哲学读多了，天天琢磨“人没有能动性和创造性，只能被动接受注定的事实”这类观点，想着想着，抑郁症就发作了，恐惧又不安，那就再读书，边读边思考，竟然好了。

第一堂课　博士毕业三年后，詹姆斯成了哈佛生理学老师，抑郁症底子喜欢心理学，就开了一门讲“生理学和心理学关系”的课，所以，詹姆斯听的第一堂心理学课是自己讲的，这也是美国的第一堂心理课，同时，詹姆斯为了教学，还搞了一批设备做心理学实验，这个实验室比冯特那个早了四年，不过他没当回事。

任性师生　詹姆斯当老师对学生很好，一个女生选了他的一门课，考试现场看见问题不愿意答，便在卷子上写：“亲爱的詹教授啊，我今天真不想写啊。”然后就走了，第二天詹姆斯回复：“亲爱的某女士啊，我理解你的感受，我也不想写啊。”然后还给了她最高分——后来这个女子也成大师了：她就是格特鲁德·斯泰因（Gertrude Stein），美国作家与诗人，她在詹姆斯指导下做的实验成了“意识流”（stream of consciousness）理论的基础。

结婚治抑郁　詹姆斯是包办婚姻，老婆是老爹给找的。不过詹姆斯欣然接受了，老爹给选的媳妇是小学教师，钢琴家。詹姆斯一见面就看上了，这个好，这个好，眼睛亮，声音甜，结婚，结婚。然后抑郁也好了，身体也好了，工作状态也好了，职称也上来了，1885 年成为哲学教授，1889 年当上心理学教授。

大家大作　詹姆斯在心理学界最有名的著作是那本《心理学原理》，本来预期两年完成，但贵族做事就喜欢玩个深入彻底，最后一下写了十二年。这本书的特点可以概括为：问得哲学，答得科学，写得文学。以实用主义心理学为基本理念，回答了老百姓喜闻乐见的心理学问题，什么情绪啊，自我啊，意识啊，催眠啊……

经典之作　《心理学原理》这本书写得好，写完之后詹姆斯就成了“美国本土第一位心理学家”，人人视其为美国心理学之父。多次重印，多种语言翻译，是现代心理学历史上最重要的文献，没有之一。出版 80 年后，还有心理学家评价：“无疑，詹姆斯的《心理学原理》是英语或其他任何语言中最清晰流畅、最令人兴奋，同时也是最富有知识性的心理学著作。”

冯特酸溜溜　《心理学原理》也不是没有反对意见，大家都说好，冯特就说不咋的，他说“这是文学作品。文章写得很美，但这不是心理学”。为什么老冯不带脏字地损詹姆斯？真相只有一个：詹姆斯在书中批评冯特：把意识分元素就是扯淡，是“心理学家的谬误”，意识啊，是流动的——意识流就这么来的。

批冯特　詹姆斯写了本《心理学原理》，大受欢迎，但冯特不买账，詹姆斯急了眼，批评冯特也不客气，主要针对的是冯特的理论不停改来改去：“不幸的是，他永远也不会遭遇自己的滑铁卢……如果像切虫子一样将他切成很多段，他的每一段肯定都能自己爬行……你杀不死他。”——意思是你的理论更不咋的，没个准观点。

意识流啊流　意识流的概念是詹姆斯针对冯特的构造主义提出的，冯特认为意识是静止的、分块的，詹姆斯认为意识是流动的、成串的。意识流流啊流，流出心理学，更影响了后来的文学影视，出现了一个新的文学流派——“意识流文学”，主要手法是想到哪儿就写到哪儿。哪部作品是代表作？普鲁斯特的《追忆似水年华》啊，乔伊斯的《尤利西斯》啊……反正好多你看不懂的作品、大家评价高的都是意识流。

正能量　詹姆斯的情绪理论很有名，每本心理学教科书中都有。一般人认为先有情绪再有行动反应，即“刺激→情绪→行动”，看到熊，感到害怕，跑；詹姆斯说，错！真正的顺序是："刺激→行动→情绪"，即看到熊，先跑，后害怕。这好像违背常识啊，后来人一研究，还真这样。这就是说可以通过行为来主动调节情绪了——想开心，先对着镜子练笑容吧！前段时间，心理学大师理查德·怀斯曼风靡世界的那本《正能量》的主要内核就是依据詹姆斯的这个理论：行动决定情绪改变！

进化心理学　詹姆斯很喜欢达尔文的进化论，在其著作中早早就用了"进化心理学"这一术语，当众多学者对进化论持怀疑和批评态度时，詹姆斯就说："终有一天，心理学会建立在进化论的基础上。"一百多年后的今天，进化心理学成为显学，很多"流氓"教授混迹其中，论证男人花心是进化必然，情有可原。

脑科学　天才的思维就是看得远，詹姆斯早就指出，心理学家从某种程度上讲必定是"大脑主义者"，血液的变化伴随着大脑活动。"我几乎可以肯定地说，在大脑活动中，神经物质变化的现象是最为重要的，血液的流动只是刺激产生的结果。"詹姆斯高瞻远瞩、高屋建瓴，开了个头，但大家领悟不上去，并不跟着研究。又到了一百年后的今天，脑科学火得一塌糊涂。

精神分析　贵族出身的詹姆斯虽然讲科学，但绝不迷信科学，对许多新鲜事物采取的是一种包容、海纳百川的态度。弗洛伊德刚出道的时候不受待见，提出婴儿期性欲观时声望跌到了最低，但远在美国的詹姆斯支持他。其实早在1894年，弗洛伊德的《梦的解析》还没出版时，詹姆斯就在美国介绍弗洛伊德的一些研究了。

婴儿期性欲观

弗洛伊德提出人的生命力活跃程度的重要单位叫力比多。他认为，“性”贯穿了人类工作、生活的方方面面。认为我们人的很多行为均是性本能。这里的性不是我们现代社会一般意义上的性，是一个广义上的性。他认为，握手、抚摸、幻想，甚至排泄等都是性行为。他将人的一生分成了以“性”为主线的不同的时期，婴儿期会流露出较早阶段的快感和偏见，如吮吸、索要东西是口唇期的快感，排泄是肛门期的快感。

弗洛伊德　1909 年，弗洛伊德访美时，詹姆斯带病听了弗爷的报告，两人进行了友好会晤。弗洛伊德后来回忆，在欧洲自己像过街老鼠，但在美国，人家重要人物竟对我不赖。会面第二天，弗洛伊德亲自将詹姆斯送到了火车站。第二年，詹姆斯又专程前往维也纳，拜访了弗洛伊德。见过不久，詹姆斯就去世了。

弗爷忆詹爷　弗洛伊德回忆詹姆斯：“我永远忘不了我们一起散步时发生的那段小插曲，他突然停下来，把携带的一个小包交给我，让我在前面先走，说他心绞痛又发作了，等这阵子过去，他马上会赶上来。一年以后，他死于那种病。我常常想，我如果在死亡来临之际也能够像他那样面无惧色，那该多好啊。”

反思著作　历时十二载，詹姆斯写了本名震江湖的《心理学原理》。写得不容易，写完就烦了，他曾如此自黑道：“在看到这本书时，没有人会比我感到更厌恶了……一堆令人厌恶的、膨胀的、臃肿的、泛泛的资料，微不足道的论述。它不过证明了两件事：第一，没有所谓的心理科学；第二，詹姆斯是个无能之辈。”

反思心理学　“心理学仅仅是一些纯粹的事实；一些闲言碎语和不同意见的争执；它是一种仅在描述水平上的小小归纳和综合；它有一种强烈的偏见，说我们有不同的思想状态，我们的大脑控制着这些状态；可是，根本就没有任何规律可言……这不是科学，它只是一门科学的希望。”——詹姆斯后来谈当时的心理学

远离心理学　大师詹姆斯和巴甫洛夫一样，不喜欢人们称他为心理学家，他觉得自己是哲学家，心理学只是玩玩票而已，而且，你们心理学这个派那个派，斗啊斗的，太肤浅，太年轻，太天真。1903 年，当哈佛授予他法学博士学位时，他很担心当着大家的面被称为心理学家，后来叫他哲学家，才算松了口气。

潜心哲学　贵族就这样，一不小心成经典，然后对此不以为意。研究心理学时间长了，他就觉得这是一门“令人作呕的小科学”，表现出“显而易见的精致化”；作为一门年轻的学科，“心理学乏善可陈，尤其在创新方面更令人沮丧，毫无建树”——然后，詹姆斯就不玩科学心理学，专心搞哲学了。

实用主义　詹姆斯哲学的核心是实用主义，从实用主义出发，一切的信念、行为、方法是否可信和能被保留的标准只有一个，那就是它是否有助于创造“更有效的、更令人满意的生活”。除了这点，都是扯淡。所以，后来詹姆斯似乎走到了科学的反面，开始研究宗教、超心理等东西了。

超心理学　詹姆斯争议最大的就是他对超心理学的研究了。有一段时间，詹多次参加降神会和灵媒座谈，研究濒死体验、亡灵沟通、心灵感应等问题，詹姆斯总想用科学解释这一切，但确实难以解释。面对后辈闵斯特伯

格的质疑，他解释说："并非我的信念顽固不化，世界如此广博，足以包容并滋养各种思想……"

超心理学

超心理学是一门研究人体特异功能与超常心理现象的科学。它是第四大心理学势力——超个人心理学的一个分支。超个人心理学的奠基人是詹姆斯和荣格，该学派认为意识、个体潜意识和集体潜意识共同构成了"心灵"。其中最高层为意识，是个体所能察觉到的心理过程，意识使个体适应环境；潜意识，主要是由那些被压抑的个体经验所构成。

叛徒闵斯特伯格

他是冯特的学生，却和冯特的老对头詹姆斯搞得火热；他是基础研究出身，却最终走向了应用；他是大学教授，也是众多企业的顾问、总统家的贵宾；他是美国心理协会的主席、哲学学会的主席，但同时也是"美国最令人憎恨的人物之一"——他就是雨果·闵斯特伯格，工业心理学与司法心理学之父。

兄弟冤家 铁钦纳和闵斯特伯格都是冯特的学生，同一年移民美国。铁钦纳以冯特传人自居，专注意识结构研究，统治了美国心理学二十年；闵斯特伯格则爱好广泛，东一榔头西一棒槌，注重心理学应用。时间飞逝，铁钦纳对心理学的影响式微，而当年闵斯特伯格的一些发现得到了越来越多的认可。

贵圈很乱　闵斯特伯格虽然也是冯特的优秀学生，但是大家知道的不多。和铁钦纳是师兄弟，但他是搞应用的，以老铁的脾气，两个人当然就不那么和谐了；况且，闵斯特伯格又和冯特的老对头詹姆斯眉来眼去的……反正贵圈很乱了。

顺境成长　做应用的一般有正常的童年，闵斯特伯格就是。爸爸商人，妈妈艺术家，小时候无忧无虑，十二岁的时候遇一难，妈妈死了，然后他就成熟了。高中面临高考压力大，但小闵既是阅读奇才，又是叙事诗人、考古爱好者、校刊发行人、大提琴手、演员……而且一点儿没耽误学习，高中毕业就进了德国莱比锡大学。

惹恼老师　莱比锡是冯特老巢，冯老让闵斯特伯格做“意识元素”的研究，小闵说我觉得肌肉感觉是意识的基础，冯特说你感觉不对，我的理论不应该是这种感觉。在这里，小闵的感觉符合詹姆斯的理论，让冯特很没面子，不接受其研究结论。然后，小闵被打入冷宫，师徒关系比较紧张，最后在磕磕绊绊中博士毕业了。

詹姆斯招手　闵斯特伯格出山后写了本《意识的活动》，再次阐明他的观点。冯特不满，铁钦纳打头阵斥责，说小闵你写作还行，但科学性不足。远在美国的詹姆斯却很喜欢，这孩子和我的观点一致啊，哈哈。于是写信给小闵：哈佛也要建心理学实验室，我们是美国最好的大学，来我这里吧。二十多岁的“叛徒”小闵去哈佛了。

对付师兄　詹姆斯看中闵斯特伯格的几个原因：一是两人观念相近，自然亲近，且小闵是从冯特那里学的心理学；二是哈佛大学是美国最好的大学，当然要建最好的心理学实验室；三是铁钦纳在康奈尔那边太嘚瑟了，不能让他一家独大。年薪三千美元，小闵来美国了，“用哈佛的眼光透过德国人的眼睛看美国的世界”。

做应用吧　闵斯特伯格刚来美国时，也想像他老师一样搞基础研究，他批评学校给学者们的工资太少，你看，这些专家钱少，有的写科普文章，有的给企业讲课，有的面向社会服务收费，也不专心搞研究啊……不久，他也干起这些事来了。

忠于詹姆斯　闵斯特伯格在哈佛干了三年，大家都很满意，但他还是想回德国，不过在德国转了一圈，找不到满意的工作。冯特安慰他，美国也不是最差，他又回到了詹姆斯身边。这下跟定了詹姆斯，闵斯特伯格也写了一本《心理学原理》向詹姆斯致敬。有人批评詹姆斯，小闵听了立刻表忠心，要求把对方开除，否则就不让你们在我们哈佛办美国心理学大会了——估计那个时候承办会议也不赚钱。

著作等身　闵斯特伯格是一个聪明绝顶的人，最后也真的“绝顶”了，如历史照片记载，最后他头上没几根头发了。著作很多，写了二十多本英文书、六本德文书、几百篇论文。他写作的时候，边想边说，秘书在一边记录，一个月就可以整出一本书。闵哥也有脾气，一本英文著作遭到抨击，他回击的方式很特别：以后哥再也不用英文写作了！——当然后来忍不住又写了。

面向大众　闵斯特伯格的第一本英文著作是《美国的特性》，是对美国的公众心理、社会和文化的分析。公众反应特别热情，这直接影响了闵斯特伯格的写作方向：为公众而不是心理学人写作。作品内容大众又实用，包括法庭审判、消费广告、职业咨询、心理健康、教育、商业、动画制作……涵盖的范围那叫一个广，自己都能办本美国《大众心理学》杂志。

贡献　闵斯特伯格对心理学的贡献在哪里？他虽然是实验心理学出身，但其终身却致力于心理学知识为人类服务，也就是机能主义那一套了。对他而言，“喝水远比在实验室里分析它的化学成分要自然得多”，临床心理学、司法心理学、工业心理学都是他做出突出贡献的领域，当然，这也是铁钦纳认为不务正业的领域。

不差钱　和在社会上混的弗洛伊德不同，最后闵斯特伯格成了高薪大学教授，不差钱，做心理治疗从不收费，但对病人的病有要求，得符合他科研的需要。闵哥是性情中人，嘴也比较损：一次与美国总统两口子吃饭，注意到第一夫人爱喝威士忌，之后他一激动就给总统写信：你老婆太好喝了，估计有压抑的冲动，要不让她去咨询一下吧……

证人证言　闵斯特伯格人称司法心理学之父，是他最早进行了证人证言的研究，研究也很震撼：教授正在上课，几个学生争吵，然后一个学生拿出枪“乒乒”地开了一枪……当然这都是闵哥安排的，他随后让学生写下他们观察到了什么，结果学生说得五花八门，这表明眼见不为实，证据不可靠。后来，法庭上不能问诱导性问题的理论根源就是闵哥的研究。

司法心理学

司法心理学便是法学研究与心理学研究相结合的一个产物，它是心理学知识或方法在法律系统面临的任务中的应用，是一门研究违法行为以及处理违法行为中的心理学问题的学科。它涉及犯罪、侦查、审讯以及改造罪犯等过程中，对犯罪原因、侦讯技术、改造手段的研究。同时，侦查和审讯人员应具备的心理素质和心理技能也是研究的内容。

心理学课堂上的证人证言

办公桌　作为工业心理学之父，闵斯特伯格的贡献也不是吹出来的。他很早就指出了心理学可以大有作为的领域，包括职业指导、广告、人事管理、心理测验、员工动机等等，并进行了一系列研究，包括人岗匹配的一些测验、符合人心的工作场所设计。其中有一项影响至今：防止雇员闲聊，用隔板隔开办公桌，他是始作俑者。

工业心理学

工业心理学是应用于工业领域中的心理学。它以工业企业和其他组织中涉及员工绩效的具体问题为研究对象，在理论架构和研究方法上综合了心理学、社会学、生理学、工程学等多个学科领域。它通过应用心理学的知识，科学地研究人们在工作场所中的行为，达到加强人们对工作中的行为原因和行为方式的理解与应用，最终能更好地满足雇员和雇主的需要。

反对禁酒　闵斯特伯格有个特点就是哪儿有事就要在哪儿出现，应用嘛，有人的地方就有心理学。政府禁酒他反对，嘚瑟地说，按我们心理学，适量饮酒没事啊。有了专家支持，酒商们很高兴。后来大家发现，曾有德国酒商给了闵斯特伯格一笔钱宣传德国酒，而闵随后写了文章反对禁酒。这里的时间顺序是：收钱→撰文。一曝光，闵斯特伯格支持饮酒的动机就说不清了，这不就是大众喜闻乐见的“专家专家，专门骗大家”？闵大专家被收买的故事就传开了，这真是跳进黄河也洗不清。

女人要在家　虽然在实际中，闵斯特伯格也带女研究生，但他反对女子读研、工作，因为这样女性就远离了家庭；女性也不适合当老师，她们难以给男孩子树立榜样；女性也不能进陪审团，她们难以理性思考……这些说法一上报纸，闵的名声就越来越臭了，“直男癌”晚期，谁也救不了。

有啥说啥　闵斯特伯格有着知识分子常见的臭毛病，嘴欠，以特立独行反主流为己任：反对禁酒，反对性教育……德国挑起第一次世界大战后，竟然反对美国人反德国人。美国大众当然不高兴了，有富翁说，我出一千万，买哈佛干掉闵贼，哈佛不干。闵哥建议，要不这样，你给哈佛五百万，再给我五百万，然后我辞职？然后，就没有然后了。

最后一天　1916 年 12 月 16 日，闵斯特伯格有课，天很冷，到达课室时已经很疲惫，但他坚持上课。开讲不久，突发脑出血，倒在了讲台上，因公殉职了——要是搁在今天，怎么也得给他评个师德标兵，号召大家学习；但当时不仅没有树立闵哥好榜样，反而因其亲德立场，犯了政治错误，美国心理学界就很少说他了。所以，心理学史教材中大多没有闵斯特伯格啥事。

不公平　公平地说，学界对闵斯特伯格是不公平的，他和铁钦纳都是冯特弟子，一个主张“纯”科学的构造主义，一个向往应用的机能主义。现在，铁的观点在心理学研究中基本已经无人提及，但闵的道路大家走得正欢。不过，波林的书中，铁的篇幅是闵的十倍；华生的书中，二十三处引用铁，只有六处提到闵；后来的书更是如此……

毒舌麦独孤　闵斯特伯格之后，威廉·麦独孤（William McDougall，1871—1938）成了哈佛心理学系主任。闵哥嘴欠，麦爷是嘴毒，他评冯特心理学，那是一个迂腐的泥坑、一团混乱和错误，甚至缺少内部一致性这一最低要求；他说铁钦纳，冯特搞的实验心理学，被铁钦纳给下了一服猛的泻药，彻底拉到吐血了……乌鸦落到猪身上，看到别人黑看不到自己黑，后来，麦独孤自己提出的本能论也被人非议了。

本能论

本能论认为，有机体必须有一些基本的动机，这些动机是自然的、遗传的，是在个体经验中派生出所有其他动机的本源，而这些基本动机的代名词就是本能。个体的社会行为是由一连串的本能所组成，本能又会影响个体对社会的认知、兴趣、情操等行为。个体在出生后只是具有许多本能，后来这些本能在社会影响下得以发展。

真孤独　风水轮流转，螳螂捕蝉，黄雀在后，麦独孤前脚骂别人，后脚也挨别人骂。尤其是他还搞了第一个超心理学实验室研究神仙鬼怪，这更不科学啊。骂麦爷最凶的就是闵斯特伯格的学生奈特·邓拉普。小邓不仅反对麦独孤的本能论，也一定讨厌他本人，一次访问中得知麦独孤患癌症快死了，小邓评论说：“他死得越早，对心理学越好！”

带头大哥霍尔

斯坦利·霍尔拥有美国心理学一系列“第一”：第一个美国心理学博士；在冯特那里学习的第一个美国人；创建了美国第一个心理学实验室；创办了美国第一份心理学杂志；心理学出身当校长的第一个美国人；创建了美国心理协会，担任第一任主席。当领导、做学问，培养人才、创建平台，干啥都行，心理学界“带头大哥”，有钱有权有学问。

天生聪明　霍尔出身教师之家，小时候就野心勃勃，十四岁的时候就发誓要留名于世，成为世界上的重要人物。其实我们小时候基本都这样想过，但你我长大后就放弃了。在他十七岁时，美国南北战争爆发，他爸爸心疼儿子怕出意外，花钱免除了他的军役。十九岁，他进入顶尖院校威廉姆斯学院读书，是班级学霸，大家公认最聪明。之后，他对进化论产生了兴趣，进入了一个大坑。

误入神学院　霍尔说："我年轻的时候一听到'进化'这个词，就被它陶醉了。"毕业后不知道干啥，进了纽约一所神学院。爱好进化论进神学院，这是什么节奏？据说，霍尔第一次尝试布道的时候，神学院的院长当时就跪下来了：我的神啊，原谅这个不靠谱的孩子吧——不能让霍尔留在神学院祸害人了，于是大家劝他去读哲学。

海归待业　霍尔去了德国波恩大学学习哲学和神学，又到柏林大学学生理学和物理学，学得挺杂，一大爱好就是喜欢去剧院和酒吧，谁传道灭谁，以砸宗教性说教场子为乐。说是留学，其实很逍遥。后来，他爹不给钱了，不得不回到美国。没获得任何学位，背了一身债，二十七岁的霍尔，是一名标准的"海带"（海归待业）。

常跳槽　"海带"霍尔开始求职，先到一个乡村教堂干了三个多月的牧师，然后做了一年家教，接下来在一所学院当老师，讲文学、法语、德语、哲学，还当图书管理员、带唱诗班，又到教堂布道做兼职……看到了冯特的《生理心理学原理》，去哈佛读了心理学，开始研究空间知觉，成为美国心理学的第一个博士。

成名之路　顶着美国心理学博士第一人的名头，霍尔又去欧洲和冯特学了段心理学，虽然也认真听课、当被试，但很明显，冯特不是霍尔的菜，后来的研究基本跟冯特无关——回美国工作不好找啊，咋整呢？虽然这心理学刚刚算上科学，但教育学根本就不科学啊，所以，霍尔想出了个路子：天天讲怎么把心理学应用于教育，就成名了。

问卷调查　随便提一下，霍尔回美国后也曾试图用科学的方法研究儿童心理，设计了好多问卷，做了好多调查研究——不过后来不搞了，原因主要是不喜欢冯特，他科学方法学得不到家，研究遭到了很多批判：这些研究问卷设计不规范，被试样本不充分，数据收集有问题，统计分析不正确，反正错误很全面。

印多了　霍尔在哈佛大学做了系列教育问题讲座，影响很大，被霍普金斯大学聘为教授，在那里成立了美国第一个心理学实验室。而且，他还创办了美国第一本心理学杂志《美国心理学》（*American Journal of Psychology*）。霍尔办杂志的热情很高，还过分自信，结果杂志第一期就印得数量有点多了，卖了五年多才卖完。

当领导　克拉克大学成立，霍尔当了首任校长，上任之前，以考察为名又去欧洲转了一圈，看学校，也看风景，反正公款。霍尔的理论今天影响有限，但他创建的平台却让心理学受惠颇多：当校长、办杂志、成立学会、培养学生，在霍尔培养的博士中，三分之一最后当了高校领导。

“霍家军”领路人　霍尔是个卓越的领导者，也有着开放的心胸，办事敞亮，没有知识分子惯有的小肚鸡肠。他把争议很大的弗洛伊德引入美国，招研究生的时候，招女学生，也招黑人。在克拉克大学的三十多年间培养了八十一个博士，实用主义的杜威，搞测量的卡特尔、推孟等都是其学生，有一段时间，大部分美国心理学家都是霍家军。

弗爷来捧场　1909 年，克拉克大学建校二十周年，校长霍尔想找点专家撑撑场面。邀请冯特，并开出了七百五十美元的旅费，但冯特一个老学究，讨厌旅游和新鲜刺激，就推托说自己年纪大了，不愿意动了；邀请以研究遗忘曲线成名的艾宾浩斯，他想来，但没来就去世了；邀请弗洛伊德，开出了四百美元的旅费，弗爷觉得报价太低，说不行啊，去美国太影响我收入了。霍尔说要不差旅费给您全报，和冯特一样待遇，也七百五十美元，还给您老发个学位——于是，弗洛伊德来了，我们心理学的历史也因此而改变。

意见相左　霍尔请弗洛伊德来美国，弗爷从此扬名天下。不过弗洛伊德在克拉克大学演讲时，有两个人的表现很有意思：科学心理学的正宗传人铁钦纳，听了一会儿就走了；而机能主义大师詹姆斯虽然重病在身，带病听了一天——这种态度，和今天精神分析遇到的两极分化的待遇基本一致，哈哈。

闪亮登场　弗洛伊德受邀赴美时，心理学界当时的牛人们都来到了克拉克大学，一起参加二十周年庆典，参会人员有铁钦纳、詹姆斯、弗洛伊德、荣格等人。今天克拉克大学官网上这样评价这次活动：霍尔校长敢于邀请有着非传统的、不受欢迎的，甚至是可耻想法的重要人物。

名著　霍尔是心理学界的“标题要长长长才能吸引人党”成员，他最有名的著作是《青春期的心理学及其与生理学、人类学、社会学、性、犯罪、宗教和教育的关系》，心理发展的复演论就是在这里提出来的，而且这本书的出版也引起了很大的争议，为什么呢？谈青少年性问题的内容太多了。在公众心中，“性”这事不能说太细啊……

1909 年的心理学家大团建

惹争议　对于霍尔那本关于青春期的著作，教育心理学之父桑代克非常不满，评论这本书“以一种在英语科学中史无前例的方式讨论了源于性的常常是病态的行为和情感”，私下说得更狠，“充满着谬误……他简直疯了”。大家一说，霍尔还来劲了，他要在克拉克大学就性问题发表演讲，心理学人基本是痛心疾首又无可奈何，人家是校长，还不是想怎么讲就怎么讲。

“性”致高　霍尔要在大学讲坛上公开谈“性”，这一行为在当时是有伤风化的，但老百姓喜闻乐见啊。大量校外人士涌入校园，有人甚至在门外要偷听，后来校方考虑到“稳定压倒一切”，演讲取消了。心理学家安吉尔私信铁钦纳：难道没啥可以转移他对性的热衷吗？其实霍尔谈性也正常，想想弗洛伊德就是他邀请来美国的。

儿童进化论　霍尔在青少年发展理论上的一大贡献是提出了“复演论”，他认为，儿童个体的发展重复了人类种族的生活史：胚胎阶段重复了鱼类动物的进化，出生后像四足动物一样爬行，然后站立起来成为最早的人；然后，我们像猿人一样爬上爬下；接下来，像野蛮人一样打架；最后，才有点文明人的样子了——这对应着童年、少年和青春期的发展。你看，孩子小时候追啊，跑啊，根本不走，就是远古时代狩猎活动的复演；少年期喜欢打猎、捕鱼、偷盗、打架……就是复演了祖先的野外生活。你的孩子进化到什么阶段了？是在上树、荡秋千呢，还是已经开始组队狩猎了？

孩子怎样玩　按照霍尔的理论，孩子应该这样玩：①刚开始是动物阶段：吸吮、哭泣、抓爬着玩。②未开化阶段：追逐、寻找、捉迷藏。③游牧阶段：做扮演小猫、小狗之类的小动物游戏。④农耕阶段：布娃娃、挖地、造屋。⑤城市阶段：组团玩。

进化粉　霍尔的心理观充满了进化论色彩，他也很喜欢别人评价他是“心理学界的达尔文”，不过霍尔对宗教兴趣也很大，在克拉克大学建了宗教心理学学院，创办了《美国宗教心理学与教育》杂志，还写了本书——《从心理学的观点看耶稣基督》，这本书影响很大，争议也很大。因为从霍尔的心理学视角来看，耶稣就是“少年超人”，宗教界的小心脏受不了了。

与时俱进　霍尔对心理学应用于实践兴趣很浓，也善于与时俱进，审时度势。第一次世界大战一开战，许多心理学家就忙起来了，招兵搞心理测试，打完仗搞心理咨询，没事搞心理宣传……学界带头人霍尔当然很兴奋，他整天鼓动，要让战争“成为应用心理学家的巨大动力，就整体上来说，对整个心理学发展都有利……我们一定不要太学术化”。《实验心理学杂志》都停刊了，因为大家都忙应用去了。

德国间谍苛勒

说起德国心理学家沃尔夫冈·苛勒，不得不提他的两个小伙伴韦特海默和考夫卡，三人是有名的格式塔三剑客。三兄弟桃园初见面时：韦三十岁、考二十四岁、苛二十二岁。

韦特海默的假期　那是1910年夏天，韦特海默乘火车去莱茵兰度假。无聊看向窗外，田野上景色嗖嗖飞驰而过，然后他就脑洞大开了，一到法兰克福就下车，买了个玩具动景器[①]琢磨，然后就设计了似动实验。

---

① 一种使周期性运动的物体显示出移动路径的仪器。——编者注

随后立即在法兰克福借了间实验室，把苛勒、考夫卡叫来，开始做研究。在韦特海默的开创性实验中，被试有三个人：苛勒、考夫卡以及考夫卡的老婆。格式塔心理学就这么开始了。没了一个暑假，多了一个学派。

格式塔

格式塔一词源于德语单词“Gestalt”，意思为形式、形状，铁钦纳将其译为“完形”，因此格式塔心理学也称作完形心理学。格式塔心理学认为心理现象是一个整体，不能还原为部分，整体大于部分之和，主张研究直接经验和行为，强调经验和行为的整体性，反对元素主义。

考夫卡的故事　考夫卡为了说明“行为环境”对心理和行为的影响，曾讲过一个经典的故事。一个冬天的晚上，在暴风雪中有一人骑马来到了一个旅店，暗自庆幸经过几个小时的奔驰，骑过冰天雪地的平原，居然能够找到暂时安身的地方。店主人开门迎接，惊问客从何方来。客遥指他所由来的方向。旅店主人用惊奇的语调说：“你不知道你已经骑过康斯坦茨湖了吗？”客人听他一说，啊，我骑过了大湖，这么危险啊，小心脏受不了就吓死了。

故事表明：相对于物理环境，人的行为完全受制于他在认知上所接受的行为环境，主观环境才对人心产生确实的影响。

德国间谍　我们的主角苛勒也很有意思，他曾因为做实验被人怀疑成间谍。1913 年，苛勒去加那利群岛的类人猿研究基地当主任，原计划只在岛上待几个月，但一上岛不久第一次世界大战就爆发，回不去了，像鲁滨孙一样被人家扔岛上了，一直待到了 1920 年。岛上无聊，苛勒就专心致志研究大猩猩，便阴差阳错名垂心理学史了。

猩猩的顿悟　在苛勒之前，心理学关于学习的理解主要来源于桑代克。桑分别用小鸡、猴子、猫等做了学习实验，由于这些动物智商有限，所以桑的结论是，学习是尝试错误的过程，没啥推理能力。苛勒不服，用大猩猩做实验，香蕉吊高处，猩猩一思考，搬箱子垒高台，香蕉轻松来，所以，学习不是“试误”，而是“顿悟”的结果。

遭怀疑了　苛勒对大猩猩的研究其实1914年就完成了，但第一次世界大战开始了，回不去大陆，就一直待在了岛上。剩下这么长时间苛勒在岛上干什么呢？一个叫罗纳德的人经考察发现，苛勒参与了一些“秘密间谍的活动”，换句话说，心理学家苛勒后来成德国间谍了，这也是史上关于苛勒最有趣的传说，这是真的吗？

真相超乎想象　苛勒在岛上做完大猩猩的研究，实在没事做，就重复扩充这些实验玩，所以，苛勒的研究是正宗纯科学，咋重复结论都妥妥的。但苛勒的做法不知道怎么让英国情报部门知道了，他们很困惑，这家伙有毛病啊，数年一日研究猩猩吃香蕉，不会是以此掩护间谍身份吧？事实真相就是，确实不是间谍，科学家的无聊有时候超乎想象。

爱屋及狗　1925年，成名后的苛勒访问美国，立即就喜欢上了美国，成了“美分党”，说美国多么多么好，景也好，人也好，“甚至连小狗都对人很友好！”——还好，他不懂中文，言论也没发表在中文互联网上，否则，马上成为心理学史“西奴”上榜人物。

反对纳粹　希特勒上台，开始迫害犹太人。大多德国学者和科学家保持沉默，“美分党”苛勒却拿出“公知”的姿态，不合作。1933年4月28日，苛勒在报纸上公开发表文章反对纳粹统治。随后，苛勒也做了被捕准备，当局虽没抓他，但使各种阴招给他穿小鞋，最后没办法，他只好肉身翻墙赴美了。

哈佛遇挫　1934 年，苛勒赴美到哈佛演讲，哲学家们纷纷点赞，力荐哈佛留下苛勒任教。不过心理系主任波林（之前讲到的铁钦纳学生，写《实验心理学史》那位）死活不同意，苛勒这小子也不搞实验，原先引进的闵斯特伯格和麦独孤，一个搞应用心理，一个搞社会心理，就够不务正业了，现在再来一个偏哲学的，我们心理系不要。

——苛勒还是在美国留下来了，后来任教于斯沃斯莫尔学院（Swarthmore College），并在 1956 年至 1959 年间，出任美国心理协会主席。

上篇说了什么

人之初，性本善，心理学之初很混乱。本篇人物基本出场于心理学的雏形时代，当时正值心理学从一种思想向一门科学转变，群雄并起，观点各异，精彩纷呈。虽然时过境迁，今天学界的研究中，他们的引用率不高，有的甚至不是当下心理学有影响力的上榜品牌了，不过，这些风云人物的思想和传奇还是值得我们去说一说的。

一切事情都源于冯特。德国老学究冯特一心一意创立一门新科学，1879年，他在德国莱比锡大学创建了第一个心理学实验室，最终也成了科学心理学之父。一般的心理学史书中认定，科学心理学在没有成立之前，就像个流浪儿，是他，给心理学安了家。注意，这是教材中的评价，不是我夸张。他著作等身，思想繁杂，其中，有部分思想是构造主义的，认为意识可以分割来认识和研究。然后，冯特弟子铁钦纳到了美国，但他只继承和宣传了老师的构造主义，自己也以正牌冯特科学心理学、构造主义领军人物而自居。

但冯、铁这种古板地把意识机械分割来研究的思想，灵活懒散的美国人受不了啊。站出来反对的是美国心理学之父詹姆斯，他倡导机能主义，认为意识是流动的，写了本《心理学原理》，跟冯特对着干，影响也非常大。同时，冯特的另外一个弟子闵斯特伯格也来到了美国，他更强调心理学的应用，思路在美国很受欢迎。他没继承老师的衣钵，反倒和詹姆斯眉来眼去，观念上站在了詹姆斯一边。

反对冯特的还有德国本土的格式塔三兄弟——韦特海默、苛勒和考夫卡，他们说意识是整体的，不能分割，后来，这一派的一些思想影响了今天的认知学派。

其他几个人现在看来是学派论争的“吃瓜”群众：

霍尔这个人看热闹不嫌事儿大，他没有参加学派斗争，他做的事是把弗洛伊德请到了美国，宣传精神分析，经过他的宣传，弗洛伊德才名震江湖。弗洛伊德来的时候，詹姆斯和铁钦纳都过去了，詹姆斯与弗洛伊德惺惺相惜，铁钦纳对弗洛伊德不屑一顾。

高尔顿人家是贵族，心理学属于玩票性质，一不小心就成了测量与统计的先驱，遗传决定论者。

麦斯麦，哦，他是混进这个队伍的。他是最早搞催眠骗钱的，一般不属于心理学史的正派人物，但心理学历史上也总有这样的人存在，当今也有传人。大家看个热闹，也增添生活中的兴趣，而且，他玩的，毕竟是大家喜欢的催眠。

好热闹的一群人，心理学就是这样，在大家的吵吵闹闹中开篇了。

The Psychologists' Tales

中篇

崛起时代：

不可不知的三大势力

☆☆☆

大神来了

Sigmund Freud
西格蒙德·弗洛伊德

1856—1939
5月6日

神在哪里：

精神分析学派创始人，社会最知名的心理学家，影响人文社科的方方面面，不论喜欢不喜欢，学心理学绕不开他。

何门何派：

精神分析学派创始人

他说：

“女人啊，你究竟想要什么？”

短评：

业界大佬，创意十足，霸道专横。受尽误解也备受宠爱，爱他恨他都有十足的理由。一个有野心和激情的学派领袖，但有点小心眼儿，容不得批评。

神在哪里：

分析心理学创立者，能穿越，爱《易经》；英俊潇洒，娶有钱老婆，和女病人谈恋爱，和爱因斯坦交朋友，和弗洛伊德由密友变仇家。

何门何派：

精神分析学派

他说：

"理解自身的阴暗，是对付他人阴暗一面的最好方法。"

短评：

神神道道，思想独特。学问有点玄幻，中国人喜欢。

Carl G. Jung
卡尔·荣格

1875—1961
7月26日

Alfred Adler
阿尔弗雷德·阿德勒

1870—1937
2月7日

神在哪里：

个体心理学创始人，自卑与超越的代言人。

何门何派：

精神分析学派，也是人本主义心理学的先驱

他说：

"我们并不会受到早期创伤性经验的打击，其实我们只理解适合自己目标的经历。"

短评：

童年悲惨，成年时由于荣格的出现不受弗洛伊德待见，独创门派，从自卑丑男，超越成学界领军人物。

Ivan P. Pavlov
伊万·巴甫洛夫

1849—1936
9月26日

神在哪里:
原本是生理学家,研究中误入心理学界,创建了条件反射的研究范式,成为一代大师级人物。

何门何派:
算行为主义先驱,虽然他不扛这面旗帜,但大量行为主义者以他为偶像。

他说:
"谁要在我的实验室里使用心理学术语,就枪毙了他。"

短评:
学霸老头,科学狂人,虐学生虐狗,好赌脾气大。研究的是心理学,就不承认自己是心理学家。

John B. Watson
约翰·华生

1878—1958
1月9日

神在哪里:
行为主义创立者,只谈行为,不讲意识。年纪轻轻当上美国心理协会主席,又年纪轻轻因为桃色事件离开了心理学界。

何门何派:
行为主义创立者

他说:
"请给我十几个健康而没有缺陷的婴儿,让我在我创造的特殊世界中教养,那么我可以担保,在这十几个婴儿之中,我随便拿出一个来,都可以训练他成为任何一种专家。"

短评:
英俊的教授,叛逆的学者。师生恋的受益者与受害人。从心理学到广告界,到哪里都光彩照人。

神在哪里：

操作性条件反射的提出者，斯金纳箱的发明人。建构了从基础到应用的一系列研究范式，影响深远。

何门何派：

行为主义的大师和旗手

他说：

“如果在烧掉自己孩子还是自己的书籍之间做出选择的话，我愿意先烧掉自己的孩子。”

短评：

典型的学究，做事认真有条理，手艺好，文笔好，活得长。

B. F. Skinner
B. F. 斯金纳

1904—1990
3月20日

Edward L. Thorndike
爱德华 · 桑代克

1874—1949
8月31日

神在哪里：

教育心理学之父，动物心理学开创者，提出了一系列学习定律，著作等身。

何门何派：

和多个学派都有关系，师承机能主义，研究行为主义，代表着从机能主义向行为主义学派过渡。他自称“联结主义者”，不站队，不依附于任何门派。

他说：

“学习的形成是不断尝试错误的结果。”

短评：

马斯洛的博士后合作教授，开放宽容，人好，也丑。不能说，能写。

Karl Lashley
卡尔·拉什利

1890—1958
6月7日

神在哪里：

神经心理学之父，探究条件反射学习的神经生理机制，提出了大脑功能的整体活动原理与等势原理。

何门何派：

行为主义

他说：

“要教的学不会，会学的就不用教！”

短评：

华生学生，与老师合作良好，发表多篇论文，也学会了老师的偏激思想，受不了不科学的东西。不修边幅，杀鼠小能手。

Zing-Yang Kuo
郭任远

1898—1970
5月21日

神在哪里：

上了心理学史的中国人，观点极端，比华生还华生。能在鸡蛋上开天窗，研究孵化中的小鸡。

何门何派：

典型的行为主义者

他说：

哪里有什么本能，都是“刺激－反应”的结果。

短评：

广东潮汕人，不做生意搞学问。学术上激进，管理上冒进，政治上不成熟。

Konrad Lorenz
康拉德·洛伦茨

1903—1989
🎂 11月7日

神在哪里：

养鸭养出一个诺贝尔奖，印刻效应发现者，动物习性学创立者。

何门何派：

研究动物心理，在生物界混，不在心理学界站队。

他说：

“一个长达一生的行为，竟然是被年幼时的一次决定性经历所固定的。”

短评：

一个自小就玩鸟的人，玩出了大成就。影响了后来千千万万的家长，在孩子小时候，花巨资也要上外语班。学语言的关键期在年幼的时候，这种关键期观念就来源于洛伦茨的研究。

Abraham Maslow
亚伯拉罕·马斯洛

1908—1970
🎂 4月1日

神在哪里：

人本主义心理学大师，形成了心理学的第三势力，他的需要层次论、自我实现论、高峰体验等观念深入人心。

何门何派：

人本主义心理学派

他说：

“一个音乐家必须作曲，一个画家必须画画，一个诗人必须写诗，这样他才能最终做到心平气和。一个人能够成为什么样的人，他就必须成为什么样的人。”

短评：

文艺青年，性情中人，爱好广泛，人丑智商高，心态贼阳光。

Carl R. Rogers
卡尔·罗杰斯

1902—1987
🎂 1月8日

神在哪里：

一心一意搞咨询，成名成家，成了一代大师。来访者中心、非指导性心理治疗的倡议者。

何门何派：

人本主义心理学派

他说：

“生命的过程就是做自己、成为自己的过程。”

短评：

一个笨嘴拙舌的年轻人，因为经济压力博士没念完就去做咨询，最终获得学界认可，成为咨询师的代言人。

Karen Horney
卡伦·霍妮

1885—1952
🎂 9月16日

神在哪里：

社会心理学的倡导者，主张社会因素与精神分析的结合，谈自我分析，谈焦虑，谈神经症人格。

何门何派：

从精神分析出发，最终走向人本主义的领路人，她没有建立人本主义学派，但人本主义心理学因她而更兴旺。不过在别的书中，一般把她放在精神分析学派。

她说：

“千万别觉得自己有多么可耻，你本来就应该这样的。”

短评：

理论创意真聪明，人生就是瞎折腾。自我敏感，多情放荡。

第3章 威武精神分析

威风八面弗洛伊德

西格蒙德·弗洛伊德，奥地利心理学家、精神分析学派创始人。作为二十世纪最重要的社会思潮和学术流派之一，精神分析的影响力不仅限于心理学内部，教育学、哲学、人类学、文学艺术、伦理学等领域都有弗洛伊德的痕迹。美国心理学史学家黎黑曾说：“如果伟大可以由影响的范围去衡量，那么弗洛伊德无疑是最伟大的心理学家。”

恋母　弗洛伊德的父亲有两次婚姻，弗洛伊德出生的时候，父亲四十一岁，母亲二十一岁，典型的老夫少妻，他是父亲第二个老婆的第一个儿子。他是母亲的掌上明珠，是妈妈最喜欢的一个孩子；但父亲对他的态度比较消极，小时候，他曾经在父母的卧室里撒尿，当时父亲愤怒地责备他："这孩子将一事无成！"后来，弗提出了俄狄浦斯情结，认为每个小男孩都恋母仇父。再补充下，弗洛伊德曾回忆自己三岁那年看到了母亲裸体，然后力比多被唤醒了。

俄狄浦斯情结

俄狄浦斯情结是儿童对父母的情感体验，主要由无意识的爱和敌意欲望组成。从正面说，它包括对异性父母的性欲望和对其竞争者即同性父母死亡的期望；从反面说，它表现为对同性父母的爱，对异性父母的记恨。俄狄浦斯情结既可指男孩对其母亲的性欲望和对父亲的敌意冲动，也就是恋母情结；也可指女孩对其父亲的性欲望与对母亲的敌意冲动，也称恋父情结或伊利克特拉情结。

力比多

力比多是一种促使人去寻求一种不受约束的快乐或快感的潜在心理能量，它与性冲动有关。作为一种推动力，它是个体性本能表达与被满足的内在动力。弗洛伊德认为，力比多是一种力量，本能借助这个力量以完成其目的，是人做出一切行为和人格发展的原动力。

聪明孩子　不过，老夫少妻孩子聪明，弗洛伊德就符合这个规律，他太聪明了，考个试跟玩似的，其父对于这一点很满意，向别人吹嘘："我儿子，脚指头都比我大脑好使。"——整个家庭的人也都宠着他，大家对他太好了，没想到最后他提出了基于人性恶的精神分析理论。我们心理学家的人生历程就这么拧巴。

恋父　弗洛伊德经过研究，提出了恋父情结的概念，认为由于女孩子的异性爱本能倾向，使得女孩子恋父而妒母，即“女儿是父亲上辈子的情人”。结果，人家弗洛伊德不仅上辈子找了女儿做情人，在这辈子，弗洛伊德也干掉了所有的情敌，他最宠爱的小女儿安娜·弗洛伊德终身未嫁，始终陪伴在父亲身边，并最终继承了父亲的学术衣钵。

父母之爱　弗洛伊德认为，我们当下的命运是当年父母养育的结果：如果事情顺利，我们会本能地觉得这是因为受到父母的宠爱；反之，肯定就是因为失去了父母的宠爱。这解释了为什么在听说朋友身上发生不幸时，我们会突然变得得意扬扬。因为他们身上如果发生什么不好的事情，就一定意味着他们失宠了，我们将因此得到更多的爱。

对视　弗洛伊德建立了古典精神分析之后，便树立了一些分析患者的原则，如一周五小时、不管来不来都要给钱、分析师要遵循中立原则等。还有一条是，病人应躺在长椅上，分析师坐在椅子后面。这似乎可以使病人不受压力地挖掘潜意识，但缘起是弗洛伊德说“我不能忍受一天八小时被其他人盯着”。

古典精神分析

弗洛伊德的古典精神分析理论通常包括两部分。一部分是人格结构的三分法，即人格由本我、自我和超我三者组成。其中，本我追求性驱力的满足，自我按照现实原则获得个体满足，超我源于本我却又压抑本我，寻求道德的实现，三者的冲突与平衡是神经症的根源。另一部分是性心理发展的阶段理论，认为从儿童到青少年期间个体的心理发展存在冲突，这种冲突源自本我的性本能冲动。

“社恐”弗爷开创躺椅诊疗

潜意识

是人们对认识对象不自觉的、未加注意的、不由自主的、不知不觉的、模糊不清的认识，也就是一种不被察觉的、在一定时间内被压抑、被排挤的情绪经验活动的过程。弗洛伊德认为，潜意识是我们没有察觉到的人格的所有方面，即一种未被意识到的认识，或认识阈之下的认识。潜意识由一系列的成分和过程组成，它们不能被意识到，但对心理机能造成潜在的影响。

性诱假说　弗洛伊德在对神经症的研究中剑走偏锋，提出了"性诱假说"（seduction hypothesis）：每一例歇斯底里症病例背后，总有着一次或多次发生于童年早期的不成熟的性经历。——这谁同意啊，学术声誉急转直下，很多专业不专业的人都批评他，也没有人来这个"老流氓"的诊所看病了。

转介　弗洛伊德做咨询的时候遇到一位来访者，身份是埃及考古工作者。弗爷本来就是考古发烧友，一遇到这样的病人如获至宝，两人见面就聊考古，聊着聊着就忘了谈病情。后来弗爷发现自己对考古知识的兴趣大大超过了对病人的治疗，思前想后，这不行，自己这样太坑人了，就把病人转介了。

移情一吻　弗洛伊德在心理治疗中，常有女病人对他眉来眼去，在一次治疗结束后，女病人突然紧紧拥抱弗老，并给了他深情一吻。这是什么情况？弗老陷入了深深的思考，于是"移情"（transference）这一概念诞生了。弗老认为，治疗中移情的发生是无法避免的。所以，没经历过移情的心理咨询师，不足以谈人生。

梦的解析　弗洛伊德小时候就是一个奇葩，他会把自己所做的梦都记录下来。使用自由联想治疗精神疾病的同时，他也关注着患者的梦与病的关系，后来就写了本《梦的解析》。本来1899年就可以出版，但弗老认为，这本书太伟大了，应该在1900年出，让它宣告新世纪的到来。1900年，世纪之书终于出了，六年卖了三百本。

日常解析　《梦的解析》太学术，没卖出几本，但一点儿不耽误弗洛伊德宣传精神分析的热情，又写了《日常生活的心理分析》。这本新书是面向大众的，解释日常生活中的一些无意义行为，如口误、笔误之类的心理意义所在，比如忘记约会的原因就是不想爱下去了，等等。这回火了，而且非常火！学者要想火呀，还得依靠人民群众。

跑车　根据弗洛伊德的理论，对许多男性而言，跑车是性满足的一种替代品。因此，很多男人也格外依恋自己的爱车，他们花大把时间为他们的爱车清洗、抛光。但当人们问起弗洛伊德，他天天嘴里叼着的那个雪茄有什么象征意义时，弗爷却说，“有时候，雪茄就是雪茄”。

抽烟　弗洛依德是个老烟民，酷爱雪茄，一天要抽二十多支，直到最后得了口腔癌才不得不戒烟。我们现在看到弗的许多照片也是一副叼着烟斗酷酷的样子。不过，依据他自己的理论，爱抽烟的人都是可怜之人。因为这些人在婴儿时期，未能充分地吸吮母亲的奶，即口唇期没有过渡好，所以长大之后，为了弥补这方面的不足，就以吸烟的方式来满足欲望。

大胆尝试　可卡因当初默默无名，弗洛伊德读书的时候发现了它。搞了点亲自尝了尝，感觉良好，甚至觉得性能力都提升了。所以，他就本着脑白金的营销精神，送亲人，送朋友，送同事，送了一圈，还写论文赞美可卡因。当然后来出事了，他的一个朋友在他推荐下吸食可卡因，上瘾后死翘翘了。有人因此批评弗洛伊德，说他招来了继酒精和吗啡之后的“人类第三灾难”。

——多说一句，弗洛伊德吸食可卡因并到处推荐，这是弗爷的一件糗事，许多人也因此瞧不起他。不过，主要是因为那个时候可卡因的正负效应还不大清晰，弗洛伊德也写了几篇学术文章论证可卡因多么好，后来出事了才逐渐认定是毒品。

师承　早在 1885 年，为了研究精神性疾病，弗洛伊德专门到巴黎跟沙可学催眠。法国之行虽然时间很短，收获却很大，他还在不同场合多次称自己是沙可的学生。与此同时，他对沙可的另一位法国学生、长他三岁的师兄皮埃尔·让内却一辈子耿耿于怀。同门师兄弟容易有矛盾，也是人之常情。

师兄　皮埃尔·让内原来是名中学老师，后来随沙可从事精神病学的研究。他在心理学和动力精神病学方面最杰出的贡献，就是先于弗洛伊德发现了无意识，并在无意识理论的基础上提出了所谓的“心理分析”，他与弗洛伊德的纷争由此而起。所以，师兄弟最好避开相同的研究方向，否则到时候是谁的贡献说不清。

涉嫌剽窃　让内最先提出了童年创伤毁一生的说法，这与后来弗洛伊德的说法差不多。当弗洛伊德提出童年经验多么重要时，让内说，这个好，光大了我的理念；弗洛伊德说不对，我这个和你那个不一样，你那个叫“心理分析”（psychological analysis），我这个是“精神分析”（psychoanalysis）。让内说，那不一样吗？弗洛伊德说，才不一样呢！

不能承认　让内在一次国际医学会议上批评了弗洛伊德，但在弗爷看来，让内就是想同他争夺精神分析学的发明权，以弗爷的脾气，在发明权的问题上，他是绝不会让步的。1925 年，弗洛伊德在他的《弗洛伊德自传》（*An Autobiographical Study*）中明确了这一点："精神分析和让内的学说完全是风马牛不相及的。"就是不一样，你能把我咋样？

星期三　二十世纪初，弗洛伊德终于有了一批铁杆粉丝，他们每周三雷打不动地到弗洛伊德家聚会，参加者有个体心理学创始人阿德勒在内的四人，交流各种心理学话题，这也成了国际性精神分析运动的开端。几年后，精神分析学传出维也纳，影响遍及全世界，最后形成了著名的"星期三学会"（Wednesday Society）。据说星期三学会第一次聚会讨论的话题就十分重要，弗洛伊德也很喜欢：论抽雪茄的重要性。现在许多心理学的课题组也是星期三开讨论会，不知道是否是在向弗洛伊德致敬。

秘密同志　弗洛伊德是一个典型的学霸，独裁主义做派。阿德勒、荣格"叛变"之后，弗爷觉得得找一些忠诚的追随者。弗爷找了一些铁粉，组织了一个秘密委员会，给了每人一个黄金玛瑙戒指，当作同志的标志。这些人秘密会晤，商量这段时间宣传点啥，那段时间组团骂骂谁，等等。后来，上推特上微博的人都学会了这一手。

女人要什么　弗洛伊德虽然老谋深算，阅人无数，但依然有困惑，在写给玛丽·波拿巴公主的信中，他这样说："尽管我已经研究女性的心理三十年，但是有一个重大问题我仍无法给出答案，那就是：一个女人到底想要什么？"后来有首歌回答了弗洛伊德的问题："女孩的心思男孩你别猜别猜，猜来猜去你也猜不明白……"

嫡系女弟子　“女人到底要什么？”让弗洛伊德发出感慨的正是玛丽·波拿巴公主，这也是个人物——拿破仑一世的曾侄孙女。她性冷淡，找弗洛伊德咨询，弗洛伊德说，这是体位不行，就难以高潮啊。病虽没治好，但不耽误他收徒弟。她是弗洛伊德最亲密的女弟子，当然也可能是最有钱的，贵族，给精神分析捐了一大笔钱，助弗爷逃离纳粹德国也是她干的。

性冷淡　玛丽·波拿巴公主本来因性冷淡求助于弗洛伊德，后来也成了弗门弟子，研究方向就是性冷淡。她测量数百名女性阴蒂和阴道之间的距离，探讨其与性高潮的关系，结论是：两者显著相关；距离越短，性高潮越容易。后来，人们根据她的日记和信件拍了一部电影，讲了她和弗爷的事，名字就叫《玛丽公主》。

手术　如何让一个人青春永驻，中医有男子守精之说，认为射精伤元气，男人性生活的时候不射精就能保青春；老外也有这种想法，不过做法更干脆，直接切除输精管，让精液无处可射。20 世纪 20 年代，“斯坦纳赫手术”就这么干的。斯坦纳赫医生给一百多位上了年纪的大学教授、老师之类的切除了输精管，其中也包括弗洛伊德。不知道弗爷的性能力是否因此增加了？

避难　弗洛伊德晚年时，纳粹分子侵占奥地利，为了避免纳粹迫害，弗洛伊德不得不离开维也纳，玛丽·波拿巴公主为他支付了一笔避难税；美国总统罗斯福也对纳粹施加压力，让他们允许弗洛伊德离境。在弗爷逃难的那天，纳粹不让弗洛伊德登上开往巴黎的火车，直到他提供了一份为他们开脱罪责的声明。弗爷在声明中多加了一句话：“我衷心向所有人推荐盖世太保！”纳粹没能看懂其中的讽刺意味。一年后，弗爷卒。

孙子　弗洛伊德的两个孙子在英国也很有名，克莱门特·弗洛伊德是一名议员，也是一档电视烹饪节目的主持人；另外一个卢西恩·弗洛伊德，是著名的肖像画家，画的裸体画很值钱。你在网上搜索弗洛伊德的时候，看到的那些面目狰狞的肖像油画，都是这个小子画的。

反对　爱因斯坦反对弗洛伊德得诺贝尔奖。1928 年 2 月 15 日，《精神分析教育学期刊》的编辑门格博士和作家茨威格给许多著名人物写信，号召他们支持弗洛伊德获诺贝尔奖。爱因斯坦在给门格的回信中说得很客气，但拒绝得很彻底："出于对弗洛伊德杰出成就的敬慕，我决定不介入目前的状态。"

不服　对于爱因斯坦取得的成就，心理学家弗洛伊德说那是走运。爱因斯坦说："你不了解我，怎能说我走运？"弗洛伊德说："因为你研究的是数学物理，不像我研究的心理学，人人可插嘴。"

不相信　爱因斯坦怀疑弗洛伊德。爱因斯坦和弗洛伊德是同时代的两个最著名的犹太人，两人在反战事情上有过合作，但爱并不相信弗的学说，甚至从直觉上就有些反感。弗洛伊德曾写信给爱因斯坦，希望给他做心理分析，爱因斯坦表示："我很遗憾不能满足您的愿望，因为我愿意在一个还未被分析的暗处待着。"

《时代周刊》　弗洛伊德曾四次登上美国《时代周刊》的封面，时间分别是 1924 年、1939 年、1956 年和 1993 年，心理学人中无出其右。虽然弗洛伊德 1993 年那次登刊时，《时代周刊》以"弗洛伊德时代逝去了吗"为题暗示了许多新学派正纷纷崛起，但弗洛伊德的影响则无处不在，一直延续到今天，而其他的心理学家，影响力更多是在学科内部。

略评　弗爷成名，除学术因素之外，笔者认为和其个人风格、美国之行关系较大。弗爷行事高调，美国佬帮宣传；法国人浪漫，对啥理论都不觉得奇怪，让内的也不例外；德国人受不了弗爷的流氓理论，反对声高，影响也大。天时地利人和。

玄幻大仙荣格

卡尔·荣格，瑞士心理学家和精神分析医师，分析心理学创立者。早年曾与弗洛伊德合作，后来由于两人观点不同而分裂。与弗洛伊德相比，荣格更强调人拥有崇高的抱负，其理论更带有一些神秘色彩。2011 年，著名爱情电影《蝴蝶君》的导演大卫·柯南伯格又拍了一部与心理学有关的电影——《危险方法》，主要谈的是荣格、弗洛伊德以及他们的女病人的故事。而弗洛伊德、女病人恰恰也是荣格一生的关键词。

爸爸　荣格出生在牧师之家，爸爸是牧师，叔叔大爷们也多是牧师。牧师有文化，荣格又聪明，自小就跟爸爸学拉丁语，学得好就可以看古文了，古文一看多就有想法了。后来，荣格在弗洛伊德的个体无意识基础上提出了集体无意识：你今天的想法不仅是小时候两胯之间的因果，也是祖先生命的残留。

个体无意识与集体无意识

个体无意识是潜意识的表层，它包含一切被遗忘了的记忆、知觉以及被压抑的经验，它指曾经是意识或曾经意识到的，而后来由于种种原因，受到压抑而储存于大脑深层次的心理内容，主要形成于婴幼儿时期。它的内容是情结，个体人格大多是由其所具有的各种内容、强度、来源等不同的情结所决定的。

集体无意识是指与生俱来的知觉、情感、行为等心理要素，类似于本能，对个体行为和社会文明起着制约和推动作用。荣格认为集体无意识实际上是有史以来沉淀于人类心灵底层、普遍共同的人类本能和经验的遗存。这种遗存不仅包括生物学意义上的遗传，还包括了文化历史上的文明的积淀。它们是以原型的形式存在的。

妈妈　荣格没事的时候观察他妈妈，别看她平时就是一家庭妇女，有时候处事风格却像个爷们儿；荣格又联想到自己虽然是个男人，但内心深处却住着一个女性的形象。然后，阿尼玛和阿尼姆斯的概念就出现了，前者指的是男性心灵中的女性形象，后者指的是女性心灵中的男性形象。阿尼玛一猖狂，小鲜肉都变娘；阿尼姆斯一膨胀，春哥曾哥排成行。

爸和妈　荣格他妈妈个性糟糕，家里风一阵雨一阵的。爸妈关系不好，总打架。三岁时，妈妈因病离家在外疗养数月，小荣格对此不能理解，很痛苦，没形成安全型依恋。爸爸是牧师，又总带他去参加葬礼。一个小孩子，总去看葬礼会有什么结果？后来就孤独敏感喜欢瞎想了，就成了崇尚神秘感的心理学家。

安全型依恋

发展心理学家安斯沃斯将婴儿对母亲的依恋类型分为安全型依恋和非安全型依恋。安全型依恋的儿童能够在陌生情境中，以母亲为“安全基地”大胆探究周围环境。母亲需要对孩子表示关心，保持敏感性，让孩子知道自己是亲切的和可信赖的，甚至自己不在身边时也能这样想。这样孩子一般会比较自信和快乐。

悲催童年　心理分析大师荣格小时候父母经常吵架，而他也常有些奇思怪想，做些稀奇古怪的梦；人本主义大师马斯洛小时候长相丑陋，爸爸还火上浇油，和大家说“你们见过比他丑的孩子吗”；行为主义大师斯金纳小时候，爸爸为防止他犯错误，多次带他去监狱参观。——心理学家都有一个诡异的童年吗？

石头　荣格自小就神神道道，想的东西往往超越同龄人智商。比如，当他坐在石头上就会想：我坐在石头上，石头被我坐在下面，那么这块石头会不会想“我躺在地上，而这个人坐我的上面”呢？如果我们都这么想，那么“我是那个坐在石头上的我，还是那个上面坐着人的石头”？——荣格喜欢中国的原因找到了，这简直就是瑞士版的庄生梦蝶啊。

小人　荣格十岁的时候，亲手雕刻了一个小人，涂上颜色，穿上衣服，放在铅笔盒里；又找来一块黑色长方形石头，也放铅笔盒里，然后把铅笔盒放在一个禁止他人入内的阁楼里。当他遇到不开心的事，就走进阁楼，打开铅笔盒，默默地注视着这个小人……你想到哪部恐怖片了？

眩晕　这荣格小时候学习一般，偏科，爱好自然科学，但数学差；热衷哲学，但又讨厌宗教；基本算是成绩不佳的学习困难学生。十二岁时，被同学推了一下，头撞上了石头，小荣一阵眩晕。这下荣格可找到理由了，以后每次不愿意去学校时，都眩晕。——后世有许多孩子一上学考试就闹肚子，这就是向荣格致敬。当然，另外一些孩子不闹肚子，他们向荣格致敬的方式更简单，遇到不如意的事会说：“我晕！”

穿越　荣格小时候去朋友家玩，在湖里乱划船，引起主人不满。争执中，荣格突然感到他不是他了。他变成了一个十八世纪的老人，穿着扣型装饰鞋，带着假发，驾驶着马车。这种感觉很强烈，他看到一辆十八世纪的马车，就感觉到那是自己的；看到姨妈家十八世纪的雕塑穿的鞋，就感觉那是自己穿过的。荣格从小就会玩穿越。

祖爷爷　总往十八世纪穿越，那么这个老人是谁呢？荣格迷惑了。当时有传闻，说荣格的爷爷是歌德的私生子，所以荣格就感觉这个穿越的“我”和歌德很像。几年后，荣格开始阅读不知道是真祖爷爷，还是假祖爷爷的作品《浮士德》，读着读着，天眼就开了，就有更多稀奇古怪的事情发生了。

绰号　荣格小时候学习不好，只有拉丁文成绩不错，老师们都认为这孩子太迟钝了，做事慢吞吞的，不受待见，同学们给他起了个外号“亚伯拉罕大爹”，嘲笑他像老年人一样行为迟缓。不过，上大学后，小伙子长开了，开始英俊潇洒起来，但又养成了酗酒的毛病，天天喝，大家又给他起了个新外号：“酒桶”。

灵异　荣格的家就是“大仙之家”，灵异事件太多，做点稀奇古怪的梦稀松平常，关键还有怪事发生。一年夏天，荣格正在复习功课，咔嚓一声，桌子就裂开了条缝；过了两星期，又咔嚓一声，切面包的刀子裂成了碎片。荣格的一个表妹还是个灵媒，每周都带大家玩大仙附体的降神会，荣格也常去，还爱上了她。

一见钟情　荣格二十一岁时，到一位朋友家去串门，看到一位十四岁的少女亭亭玉立于台阶之上。荣格大仙附体马上穿越，立即确认这个人就是我未来的老婆。朋友说拉倒吧，人家是有钱人家“小萝莉”，会爱上你个穷医生？荣格不信，求婚果被拒。三年后再战，这次答应了，找了个有钱的老丈人，他又可以胡思乱想了。为啥这次就答应了？话说荣格婚前穷是穷点儿，北上广没车没房，但身高一米八五，又高又帅没问题的。

老婆　荣格的老婆叫艾玛，他们婚后的经历就像是用北方话喊她的名字那样："哎妈！"荣格先搞了个女病人，不久便分手了；之后让另一个女病人当了助手，然后又变成小三，每周都往家领，还跟弗洛伊德写信分享，我老婆不容易啊……后来，三人关系竟然稳定下来了，斯滕伯格知道了这个事，提出了爱情三角形理论。

爱情三角形理论真的是这样提出的吗？当然不是了，那个是耶鲁大学心理学家斯滕伯格自己离婚又再婚之后搞出来的。爱情三角形不是说的爱情三人行，而是说爱情包含三种成分——亲密、激情和承诺，三元素都有，就像三角形，爱情才稳定。对这三种成分的具体说明，你会在后文斯滕伯格的故事中看到。学生时代的恋爱往往不稳定，就是缺少了未来的承诺，不充分，只有亲密和激情，只能简单浪漫一下而已了。

情人上电影　荣格娶了个有钱的老婆，两人也很恩爱，但这一点儿不影响荣格找情人。1904 年，他在布勒霍尔兹利精神病院接的第一位女病人就爱上了他，然后他也爱上了她。后来，他想分手她不干，就找弗洛伊德帮忙，然后他俩一起骂她，最后她也成了心理学家……2011 年，电影《危险方法》专门讲了这件事。

和谐三角恋　荣格还有一个情人，公开交往几十年，也是他从病人里培养出来的。一开始，他老婆不同意，闹。当然，伟大的心理学家不是一般人，一番辛苦顺利摆平，小三竟也成为荣格一家的朋友，常常去他家，每到周日就到荣格家吃饭，三人倒也和平相处。后来，这个由病人变情人的女

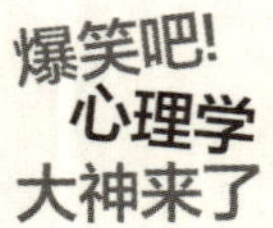

子，也成了心理学家。看到此处有抖音小视频的画外音：这是高手，这是高手！

——最能耐的是，荣哥哥基本还是靠富裕的豪门老婆养着，然后就在他们家的小游船上幽会啥的。唉，传记这玩意儿真不能看太多。

社交恐惧　美利坚有钱女有社交恐惧症，找荣格治疗，说俺贼拉有钱，给你包机到美国；荣格架子更大，要看病到欧洲来找我，不做异地医疗。没办法，有钱女来了，咨询了一小时，结束，等下周再约。有钱女说，一周一小时，这平时没啥事，只能干等你啊？荣格说，要不你买张火车票，围着阿尔卑斯山转吧。有钱女上了火车，闲得难受，不得不找人说话，然后就不怕人了，社交不恐惧了。

万人迷　和弗洛伊德去了趟美国，英俊小生荣格名气也大起来了，女病人纷纷为他移情：有一个女病人要求为荣格生个孩子；另一个病人见人就说荣格就要离婚了，要娶一个女大学生；还有一个病人自称我就是荣格的情妇……按倒葫芦起来瓢，病人看多了，老婆又抑郁起来，不管病人了，马上给老婆解梦……

金花　《太乙金华宗旨》，本来是中国道教内丹经典，托名吕洞宾所作，说的是咱们道家修炼到家就可以开天眼之类的事。后来有人给翻译成德文、英文，在欧美也流行起来，不过名字叫《金花的秘密》。荣格看到了很喜欢，写了很多评论，说这道家太好了，这里头说的不就是咱们心理分析的冥想吗？想着想着，印堂发亮，眼前出现奇妙的曼陀罗图案。

后来荣格发明了曼陀罗绘画这种心理治疗形式，用以整合心理分裂、增强心理和谐与人格完整。

《易经》　荣格对中国文化感兴趣，当然对《易经》也感兴趣了。一次有机会见到胡适，对，就是新文化运动中的胡适先生，对《易经》问东问西的，不过胡适是杜威的学生，接受的都是理性、实证、科学训练那一套教育，主张“多研究些问题，少谈些主义”。所以，胡适对《易经》这种神神道道的东西并不感兴趣，评价也不高：“那不过是一种古老的魔法，没有什么意义！”荣格碰了一鼻子灰。

后来荣格不死心，继续问胡适，你占卜过吗？胡适说，占卜过。荣格问，准吗？胡适说，准。

爱因斯坦　有一段时间，荣格和爱因斯坦都在瑞士，彼此惺惺相惜；约定互相学习对方的知识。第一周爱因斯坦给荣格讲物理，爱因斯坦尽可能通俗易懂地讲，荣格却听得头痛欲裂，自卑痛苦；第二周荣格给爱因斯坦讲心理学，这回轮到爱因斯坦愁眉苦脸了，而荣格讲起来却如鱼得水。来回几次，大家说算了吧，还是各研究各的吧。

大仙荣格，不爱科学爱玄学

The
Psychologists'
Tales

歪 史

从密友到仇家

弗洛伊德与荣格从惺惺相惜到反目成仇，这一段历史往事，不仅是两个人情感纠葛的过程，也是精神分析发展史的重要篇章。在这一过程中，充满了梦想与野心、忠诚与背叛、友情和爱情……这也是一段有趣的故事。

人生如戏　电影《危险方法》讲述了历史上的荣格、萨宾娜和弗洛伊德三人的戏剧人生。萨是荣的病人，荣用弗的方法治好了萨，萨成了荣的情人，也学了精神分析。后来萨、荣分手，荣、弗交恶，萨又去找了弗。弗受萨的启发，提出了死本能的观点。后来萨也成了心理学家。

写信　弗洛伊德《梦的解析》刚出版的时候，

销量很少，也没啥专业人士认可，但却深深影响了荣格，他多次阅读，进而长期与弗书信往来，两人也越发彼此惺惺相惜。荣格对弗产生了宗教般的迷恋，曾向其太太要弗爷的照片；弗也把荣当成了“精神分析的王储”。不过就像网恋架不住见面，写信归写信，“奔现”一见面，时间一长，矛盾就出现了。

讨论会　1902年，弗洛伊德开始在其寓所每周定期进行学术讨论会，就是我们前面讲到的著名的“星期三学会”。荣格后来成为第一个被弗洛伊德邀请参加此讨论会的非犹太人。

初相识　1907年，弗洛伊德邀请荣格到他维也纳的家里串门，这是两个人第一次见面。荣格非常激动，兴致勃勃东拉西扯一下子讲了整整三个小时。最后弗洛伊德打断了荣格的话，说你这样没重点不行，要不咱们集中某些问题，深入系统地讨论一下？于是两人又开始马拉松式的长谈，谈啊谈，谈啊谈……一直持续了十三个小时！

“情书”　荣格和弗洛伊德初接触的时候，两个人好得像一个人似的，在荣格看来，弗洛伊德是“我所认识的最杰出的人物，就我当时的认识和理解而言，没有谁能与他匹敌”，他向弗提议，“请允许我以儿子之于父亲，而不是以平辈的身份来感受您的友爱”。弗洛伊德当然开心了，自从接触了荣格，阿德勒几个人就成了一帮凡夫俗子，他写信给荣格诉衷情：“我要不厌其烦地用文字或言语使你明白，我信任你，你使我对未来充满信心。我现在已经清楚地意识到，应该有人来取代我的位置，而在我看来，你正是我所指望的最恰当的人。请继续并完成我为之奋斗的事业。”

科学与玄学　相对而言，弗洛伊德重科学，而荣格偏玄学。荣格第二次上弗爷家串门，书架附近突然发出一声爆响，荣格马上“大仙附体”，激动地对弗爷说：“这就是催化显示现象，还得再来一次。”弗洛伊德对此不以为然：“得了吧，纯属无稽之谈。”过了一会儿，“咔嚓！”真的又来了一次。这表明，在现实面前，科学常常不抵玄学啊。

催化显示

是指如果大家都往一个地方想，思想的力量能催化影响物质的转变，以一定形式在物质世界显示出来。

会长　1910 年，国际精神分析协会成立，弗洛伊德想指定荣格担任终身会长。阿德勒等人很不满，弗爷于是给大家做思想工作，你看我们都是犹太人，社会上总受批判，我们的处境很危险。荣格小伙儿是正宗瑞士人啊，这小子就是我们大家的救星……最后协调的结果是：荣格任非终身的总会长，阿德勒任维也纳学会会长。

“基情”　荣格与弗洛伊德交往时，弗洛伊德事业还未到春风得意时，所以两人那真是惺惺相惜。弗爷觉得身边谁都不如荣格，荣格也渴望得到弗爷的青睐，甚至对弗洛伊德周围的人充满嫉妒。在 1907 年 10 月 8 日的信中，荣格说他对弗爷之爱如滔滔江水，连绵不绝，狂热又虔诚，甚至这种感情，明显有性爱的成分……

信中原话是“我对您的敬爱之情，具有宗教般的狂热和虔诚”，而且荣格还表示，这种感情看起来荒唐可笑，并且有着明显爱意。晚年的荣格对年轻时这种表达有些后悔。

贵人　　弗洛伊德刚出道的时候其实挺不招待见的，理论受认可度不高，弗洛伊德几个人活得那叫一个憋屈。后来，美国有个心理学家发现了他，邀请他去美国转了一圈，然后弗老就抖起来了，美国一认可，便是世界级影响了。这个老伯乐是我们前面讲到的霍尔，也是著名“青少年暴风骤雨”理论的提出者。

青少年暴风骤雨

心理学家霍尔称青春期为“暴风骤雨”的时期。他指出，青春期到来时，青少年在躯体和心理方面呈现快速的发展，表现为身体急剧的生长和变化，肌肉、骨等组织全面成长，生殖系统愈加成熟，第二性征逐渐显露。而发展的趋势是跳跃式的，且身心方面的成长不一定能平衡发展，即忽高忽低，因此，他又将青春期称为“危险时期”。

古尸　　弗洛伊德的美国之行是其产生世界性影响的关键之旅，也是其与荣格分歧爆发的关键时刻。演讲旅行中，有一次，荣格提到一则德国北部发现古尸的新闻，荣格滔滔不绝兴致很高，弗洛伊德几次想打断他的话未果，突然就当场晕倒了。醒来后，弗爷说，荣格对尸体感兴趣，按照咱们精神分析理论，这分明是盼我死啊！荣说，没有啊没有，你这样瞎分析我真的伤不起啊！后来，两个人的梁子便越结越深了。

解梦　　弗洛伊德和荣格去美国，路途遥遥，坐船就要一个多月。两人每天便互相分析梦玩儿。有一次，弗爷说梦到媳妇和小姨子了，不知道怎么解。荣格知道弗爷和老婆关系一般，但和小姨子关系不一般，觉得弗爷和小姨子有事。荣格于是热情地说，这个梦我来给你解吧。能不能再透漏点细节，我好帮你分析。弗洛伊德不同意，你拉倒吧，这事不能说太细！——弗爷的原话是“我不能拿我的权威冒险”，荣格很失望，因为这意味着弗洛伊德宁要权威也不要真理。

三角关系　弗洛伊德曾非常器重荣格，曾亲切地称呼其为精神分析王国的王储。显然，王储背叛是惯例，后来果然荣格背叛了他，其中一个重要的原因是荣格发现了一个秘密：弗洛伊德与妻子的关系一般，却与小姨子的关系有些暧昧，而这种“三角关系”让荣格有些看不下去。再加之弗的霸道做派，两个人便越走越远了。当然，后来荣格在男女关系上比弗爷更过分。

出游　弗洛伊德的老婆玛莎是个传统女性，生了六个孩子，每天忙于家务，身体不大好。小姨子米娜本来有一个看护的工作，不过后来被辞退了，就来投奔姐姐姐夫，她爱读书，懂点儿精神分析。从 1895 年开始，弗洛伊德每年都要外出旅游消夏，老婆不爱出来，弗爷有时和弟弟走，有时就带小姨子出去玩……

住宿　弗洛伊德和小姨子有没有那个事呢？弗洛伊德没承认，荣格说有，弗爷支持者说荣格你那是由爱生恨，胡扯。双方争执不休，谁也没啥证据。近期有人发现，1898 年 8 月 13 日，在瑞士阿尔卑斯山一次为期两周的度假期间，弗洛伊德和小姨子在一家客栈，以夫妻的名义登记入住……你说是有啊，还是有呢，还是有啊？当然，也可能是弗洛伊德为了省钱，和小姨子拼房住，一起讨论学术也方便。

妻妹　弗洛伊德和他的妻妹是否有染，其实直到现在学界看法仍不一致。比如，我国研究弗洛伊德的专家车文博认为：“有人做过考证，弗洛伊德在四十多岁就没有性功能了。他和妻妹长期交往，一起出去旅游，还是学术上的朋友，但是并没有发现有任何性的关系。”另外的观点是老婆非常容易怀孕，所以“性的激动对于我这样的人来说已经没有什么更多的用处了”。总之两个事实是确定的：①弗洛伊德四十多岁和老婆没有性生活；②不带老婆带小姨子出去旅游。

死本能　前面我们说到在电影《危险方法》中，那个荣格病人兼情人的女子叫萨宾娜。当她和荣格闹翻之后，去了弗洛伊德那里，没被邀请就闯入弗爷的“星期三学会”。弗洛伊德对她还比较宽容，说既然来了下次你也报告一下吧。萨宾娜报告的内容弗爷很欣赏，并且后来被弗爷盗用在了自己的著述中，这就是“死本能”观念的来源。

抄袭　在关于死本能的著述中，弗洛伊德未加注明地吸收了萨宾娜的观点。此时，虽然荣萨已经分手，但荣格还是给萨写了信，告诉她，弗洛伊德抄袭你啊，抄袭你。萨宾娜告诉荣格：咱俩都不好了还扯这个，没用，你哪儿凉快哪儿待着去吧。——荣格的原话是两人著作“难以置信地相似”，遭到萨的怒斥，情人不再，咱就别再交朋友。

组织　弗洛伊德美国之行后，越来越有名，大家就鼓捣着成立了国际精神分析协会，第一任主席荣格，弗洛伊德的亲学生；后来，荣格与弗洛伊德分裂，成立了分析心理学俱乐部，自己家开的俱乐部，举贤不避亲，第一任主席是艾玛——荣格的亲媳妇。

分析心理学

分析心理学是荣格创立的精神分析心理学体系，又称荣格心理学或原型心理学，其核心理论是集体无意识。集体无意识的内容主要以原型的形式存在。他将人格作为一个整体，称之为“心灵”，心灵包含人一切有意识和潜意识的思想、情感及行为。荣格认为人格结构是一个相对闭合的动力系统，它的内部具有一种业已存在的能量系统。

涨价　弗洛伊德去美国转了一圈之后就抖起来了，美国人都认可我，谁还不服？咨询起来价格也水涨船高，收费就一个字：贵。虽说收费比一般人高个两三倍，但弗爷其实并不喜欢治疗，他女儿说，精神分析“是一种愚蠢的生活方式”，估计也是弗爷的意思。但谁和钱有仇啊，该收病人还得收，虽然最后也没治好几个人。

——关于弗洛伊德通过精神分析治好了多少人，确实存在争议，有人认为，就没有成功案例。虽然夸张，但我认为不多确是实情，否则的话，以弗爷脾气，不知嘚瑟到哪里去了。另外，弗洛伊德咨询费再贵也是市场价，而且弗爷的影响不仅在心理学界，对整个人文社科的影响更是无人能及，咨询个案不是他的目的，他的目的是寻找人类心灵发生发展的规律。如果心理学界不待见他，有好多学科抢着要，虽然这里拿他打趣，但大家千万不要小瞧他。

高收费　弗洛伊德主张精神分析治疗应当高收费，理由是高的收费标准在患者眼里是治疗师表现出的一种健康的自尊，以及对自己时间与资历尊重的象征。与此同时，患者也会因为这高昂的收费而对治疗师的价值表现出尊重。另外，高收费会使患者免于人情债，他在分析过程中就可以表现出侵略性，进而发现更多问题。所以，立志做心理咨询师的注意了，咱们咨询收费是对来访者好，不收钱影响效果，不论朋友熟人，该收就收。

决裂　“……正如您最近在慕尼黑所说的，是同一个男人的亲密关系抑制了您的科学自由。因此我说，拿走您全部的自由吧，不要用您所谓的‘友谊的象征’来招惹我了！”“我同意您的希望，即放弃我们的个人关系，因为我从来不把我的友谊强加于任何人。”——这是弗洛伊德与荣格最后的通信内容。

随口评　“天不生仲尼，万古如长夜”，心理学没有了弗洛伊德，就像中国失去了孔子；荣格可以被评为最会讨好中国人的心理学家，又喜欢禅又喜欢道的。

自卑丑男阿德勒

他的成就离不开弗洛伊德，离开了弗洛伊德，他取得了更多的成就；弗洛伊德说他是自己的学生，他认为自己是弗洛伊德的同事；到最后，他与弗洛伊德势同水火。阿尔弗雷德·阿德勒，奥地利精神病学家，个体心理学创始人，人本主义心理学的先驱，被称为“现代自我心理学之父”。

悲惨童年　阿德勒生在维也纳商人之家，家庭条件好，但他的童年却多灾多难。哥哥姐姐样样好，就他一副倒霉相，自小患有软骨病，又矮又丑还驼背，一直到四岁才学会走路。开始的时候，妈妈对他还好，但又生了个小弟弟后，就不管他了，这通委屈哟！童年的经历为他成年的名著《自卑与超越》打下了良好的基础。

大病不死　阿德勒五岁的时候得了肺炎，来了个不靠谱的医生，告诉他爸妈，完了，这娃指定养不活，你们以后省事了，不必再为这个熊孩子操心了。家人很绝望，阿德勒也害怕得要死。过了几天，他竟然康复了。肺炎这个病一好，阿德勒又生了心病，暗下决心这辈子要做医生，当了医生，就不怕死了。

冲击疗法　阿德勒小时候，上学路上要经过一座公墓。别的小朋友都没事，就他一路过就胆战心惊，很烦恼。可小阿自小就有自学自疗的精神，特别要锻炼一下自己：放学了，故意不和同学一起走，独自一人走到公墓边，把书包放在旁边的草地上，强迫自己走过来走过去，直到不害怕为止。——当前的心理治疗中，有一种叫冲击疗法（又称暴露疗法），就是通过直接使病人处于他所恐惧的情境之中，置之死地而后生，通过物极必反的原理来消除恐惧。阿德勒有潜质，自己发明了冲击疗法。

晚熟 阿德勒和弗洛伊德是中学校友，但成绩就比弗爷当年差远了。数学成绩不良，老师看不上，跟他爸说这孩子要不就算了，智商低，学问没指望，教他一技之长，让他做个鞋匠吧。父亲不干，反正家里不差这点儿钱，先学着吧。但阿德勒被刺激到了，小男生一努力，谁都挡不住，成绩噌噌就上去了，成了自信的优等生。

开悟了 学习一上路就停不住了。阿德勒读完中学读本科，再读研究生终于搞到个医学博士，完成了儿时梦想，成了一名眼科和内科医生。一当医生，想起小时候的委屈，对心理学就有兴趣了，读了弗爷的《梦的解析》，写了篇赞美的文章。弗爷当时正被批判，急缺人吹捧，便给阿德勒写信，来我这儿吧，咱们一起干。

工人阶级 弗洛伊德邀请阿德勒和他一起干，又拉拢了几个人组成“星期三学会”，每周讨论点精神分析。但阿德勒和弗爷的贵族气息不同，他自小自卑，愿意和工人阶级等底层劳动人民在一起，交友广，整天和这些人混，竟然做到了某工会的副主席。阿德勒心系工人阶级，他的第一本著作是《裁缝行业的健康手册》。

额外收获 阿德勒千辛万苦和弗洛伊德相识之后，额外的收获是认识了一帮思想进步的医生。他们对社会主义很感兴趣，常讨论马克思、恩格斯的著作。这其中还有一个来自俄罗斯的美女。阿德勒和他们在一起很开心，马列不知道究竟谈了多少，总之美女被他很快拿下了，迅速结婚。

家有悍妻 阿德勒的老婆罗莎是个能说会道、擅长交际又能干的女子，当时就信奉社会主义这么高端的思想，纯纯的一个俄罗斯女汉子。谁说女子不如男，家里能撑半边天，所以两口子的刚过日子的时候总打架，阿德勒后来回忆，男女平等，说起来容易做起来难啊。——但和弗爷、荣格不一样，两口子越吵越和谐，生了四个娃，白头到老了。

出矛盾了　刚开始，弗洛伊德团队那是蜀中无大将，阿德勒做先锋。弗爷很器重他，让他做了心理分析协会的第二任主席，负责协会会刊的管理。不过阿德勒与弗爷的关系却很微妙，阿德勒认为自己是弗洛伊德的年轻同事，但弗洛伊德却把阿德勒当成自己的信徒和门生，时间长了，阿德勒和弗爷的矛盾就出来了。

有新欢了　1907 年，阿德勒发表了一篇关于自卑补偿的文章，获得很大声誉，弗爷开始还觉得挺好，对精神分析有贡献啊。但阿德勒的观点与弗洛伊德越来越不一致，越来越跑偏，弗爷就不乐意了，你这也不是正宗精神分析啊。这时候，小伙儿荣格又不断向弗爷献殷勤，有了“高富帅”荣格，弗爷就越发讨厌这个丑八怪阿德勒了——给我负分走人，踢出本群。

辞职单干　阿德勒辞去期刊编辑，辞去协会主席，一次“星期三学会”之后，在众多协会成员的“督促”下，阿德勒带着几个不满意弗洛伊德的弟兄，离开了精神分析协会。阿德勒有骨气，分家后单干，另组了“自由精神分析研究会”，后来改为“个体心理学学会”，没有你弗老爷子，咱自己组群，一样成名成家。

吵嘴架　阿德勒和弗洛伊德闹僵之后打嘴仗。弗爷说阿德勒个儿矮：“我把一个侏儒变巨大了。”阿德勒回击：“侏儒站在一个巨人的肩膀上，能让这个巨人看得更远。”弗爷不依不饶，嘴上不能输，“这对一个侏儒而言也许是如此，但对巨人头发里的一只虱子而言，那就另当别论了。”大专家也一样，个个嘴上谁也不服软。

在路上 阿德勒的个体主义心理学影响也越来越大，在希特勒迫害犹太人的时候，阿德勒也到了美国，在纽约定居。1937 年，他应邀去欧洲讲学，由于声望大，接课多，讲得累，在苏格兰阿伯丁的大街上，心脏病就突发，没救过来，六十七岁。

个体主义心理学

个体主义心理学是由阿德勒创立的精神分析心理学体系，他强调人是一个不可分割的实体，有自己的独特目的，在不断寻求人生意义和追求理想，并且是一个与社会和他人不可分割的有机和谐整体。他认为，要理解这样的个体，就只有通过理解他与其他社会成员联系的途径才能实现。

一个都不宽恕 弗洛伊德最终也没有原谅阿德勒，在阿去世后还毒舌道：“对于一个生长在维也纳郊外的犹太男孩来说，死于阿伯丁这本身就是闻所未闻的事，也足以证明他走得多么远了。这个世界对他曾经在对抗精神分析方面所做的贡献所给予的奖赏实在是够丰厚了。”

自卑情结 说点儿阿德勒的理论，阿德勒最有名的论述是自卑情结。他认为人对优越性的渴望与追求源于“自卑感”，而人的自卑感则开端于人在幼年时的无能。每个人都有不同程度的自卑感，因为没有一个人对其当前的地位感到满意；对优越感的追求是所有人的通性。如果你目前正感到自卑不自信怎么办呢，看他的名著《自卑与超越》吧。

自我分析　　很明显，阿德勒的自卑超越学说带有自我分析的特点。在弗洛伊德的弟子中，阿德勒是个倒霉的孩子，长得难看，小时候得肺炎差点儿死掉，上中学的时候也是老师眼中的差生。最后终于遇到名师弗洛伊德，但后者眼中的“王储”是风度翩翩的荣格，两人相差太多，阿德勒最后选择离开了弗洛伊德。由于成长过程中始终受排挤，而最后又终于成名成家，他的一生就是自卑超越的生动写照。

同性恋　　阿德勒认为好多现象和自卑有关，比如说同性恋。他认为“搞基”就是因为缺乏勇气，找“基友”，对异性的生理需要就减轻了，也避免了更大的责任……需要说一下，阿德勒的观点与当前的医学认识并不同，所以大家不必懊恼，有意见去骂阿德勒吧，心理学家有时就不靠谱。

兄弟排行　　阿德勒认为，一个家庭里的孩子，排行不同，形成的性格也有区别：老大是保守主义，恋权的；老二是善于合作，有人缘的；老三是出奇制胜，容易极端的。

长相　　心理学史上，那些长相英俊的心理学家，对人性往往持比较悲观的看法；而那些对人性充满期待的心理学家，往往又长得比较“悲剧”。前者如弗洛伊德、华生，后者如阿德勒、马斯洛。若说马斯洛丑是因为鼻子大，阿德勒则是个儿矮、面丑加佝偻。不过两位难兄难弟也有心有灵犀之刻，阿德勒自我分析从自卑里成长，写下了名著《自卑与超越》，丑男马斯洛大学时就是看了这本书，深受启发，再也不自卑了。

第4章 04 激情行为主义

爱狗狂人巴甫洛夫

伊万·巴甫洛夫是一个误入心理学的心理学家。一方面，他本来研究消化腺，并因此获得了诺贝尔生理学或医学奖，是个不折不扣的生理学家；另一方面，他的条件反射学说对心理学尤其是行为主义影响甚大。心理学始终想拉他入伙，进来当个带头大哥之类的，但巴甫洛夫认为心理学不科学，不觉得自己研究的是心理学，不愿意。后来，他在心理学界的脑残粉太多了，大家都捧他，他便偶尔也称自己是实验心理学家——心理学有“挖墙脚”的传统，只要某位学者的研究和人有关又有影响，我们就把他拉进来，管他认不认咱们心理学呢，反正有人的地方就有心理学。

虐缘　巴甫洛夫瞧不起心理学，什么“意识”“心灵”啊，看不见摸不着，无聊。老爷子威胁说：“谁要在我的实验室里使用心理学术语，就枪毙了他。”当然不是真打死，实际采用的惩罚是罚款，谁说心理学术语就罚谁钱。但是有些现象，比如说狗流口水是咋回事？不用心理学术语还真难解释，学生被罚了很多钱；后来老爷子自己也错了，一边骂自己一边掏钱。

聪明的狗　作为生理学家的巴甫洛夫，主要任务是研究狗的消化腺。在这种研究中，狗的唾液是个重要指标，于是他先给狗动手术，在狗的腮帮子上开个小孔，用一根细细的导管安在它的一个唾液腺上，然后观察不同情况下唾液的分泌。研究着研究着，一些老资格的实验狗有经验了，一看到实验快开始，骨头还没来呢，就流口水了。这种现象让巴甫洛夫非常恼火，因为这严重干扰了口水的量化指标。该来的时候不来，不该来的时候乱来，咋回事呢？一琢磨，条件反射学说就出来了。

条件反射

原来不能引起某一反应的刺激，通过一个学习过程，即把这个刺激与另一个能引起反应的刺激结合，使它们彼此建立联系，从而在条件刺激和条件反应之间建立起的联系叫作条件反射。条件反射是人出生以后在生活过程中逐渐形成的后天性反射，是在非条件反射的基础上形成的，也可以通过实验训练形成。

狗缘　巴甫洛夫经常说，“幸福是没有意义的，狗就意味着全部”。

进化粉　和许多心理学家一样，巴甫洛夫也出身于牧师家庭。不一样的是，爸爸是个穷牧师；妈妈的特点是能生，英雄母亲一共生了十一个孩子，不过后来夭折了六个。巴甫洛夫是老大，最先到神学院读书。读书时读到了两本专门砸神学场子的书——《物种起源》和《脑的反射》，这两本书一读，巴甫洛夫就成了进化论的铁粉。

心跳的感觉　入了“进化教”，与牧师身份有摩擦，巴甫洛夫没拿到牧师资格证就不玩了，进入圣彼得堡大学自然科学系学习。研究生研究的是胰腺神经，博士研究的是心脏神经，两个研究还都得奖了。巴甫洛夫做手术很麻利，在那个没有抗生素的年代，他的实验室从未发生一例败血症病例，从未让他的动物们在外科手术中死去。把心脏扒开来看，还怦怦直跳——这是人类第一次直接观察到心脏的活动。

姻缘　巴甫洛夫谈恋爱，约出小情人后，迫不及待：“快，赶紧把你的手给我。”女友很羞涩，以为要吻手，高兴把手伸过去。巴甫洛夫抓过手，指压脉搏许久，肯定地说：“没有不正常的跳动，放心吧，你的心脏很好，会成为科学家的好妻子的。”女友一甩手，走你！——生活中的“谢耳朵[①]”，不过后来两个人真的成了。

老婆不如蝴蝶　博士毕业后，巴甫洛夫在德国工作了三年，因为爱国还是回俄国了。回去后生活窘迫，申请职位遭拒，家里有上顿没下顿，俄国大冬天的，他家连暖气都没有——养的研究用的蝴蝶都死了，恰逢老婆抱怨，你个穷酸巴拉巴拉。巴甫洛夫说，别吵吵了中不？你知道出多大事了，俺的蝴蝶都死了，你还在担忧一些无聊的事。

约定　巴甫洛夫结婚时和老婆约定：家务活儿都老婆干，不让任何琐

① 美国系列剧《生活大爆炸》中科学家谢尔顿的昵称，凡事讲究科学，有很多生活乐事。

事干扰巴甫洛夫的工作；作为回报，巴甫洛夫许诺不喝大酒，不打牌，只有在周六、周日两天才和朋友们聚会一下。其他好办，不喝大酒在俄国不容易啊，老婆同意了。这样，巴甫洛夫就做了甩手掌柜，专心搞研究，啥家务都不干，连每月领工资都得老婆提醒，生活上就是个低能儿。想想他老婆也不容易，典型的伟大人物背后的伟大女性，要知道四十岁以前的巴甫洛夫是典型的穷光蛋研究者，他天天以搞研究为名啥活儿不干，钱也拿不回来几个，后来才成功。嫁给富豪资源男，幸福立竿见影；嫁给科学研究男，本质就是“我拿青春赌明天”。

穷书生　巴甫洛夫结婚时是标准的科研男。准备博士论文时，他们的第一个孩子出生了，小孩身体不大好，巴甫洛夫没钱到处借，最后孩子没能养活。第二个孩子出生的时候，因为租不起房子，老婆孩子住亲戚家，巴甫洛夫睡实验室——即使这样，巴甫洛夫也没有因为高工资去做医生，继续做实验，十年后，终于熬成了教授，生活才开始逐步好转。

老婆不如狗　初涉学问江湖，巴甫洛夫穷得叮当响，这事学生都知道。有一些懂事的学生以请老师讲课为名，给了他一笔钱，本想着让他贴补家用。但是，对于巴甫洛夫而言，老婆孩子算什么呢，科研最重要。这笔钱舍不得给老婆，都花在他的狗身上了——如果巴甫洛夫拼命搞科研，啥都没研究出来会怎么样呢？给他老婆点个赞吧。

巴甫洛夫也很敬佩自己的老婆，他说：“我寻找的只是一个善良的人，她会成为我生命中的伴侣。我找到了我的妻子瑟拉。她对于我们的糟糕生活表现了足够的宽容，我把自己奉献给了实验室，而她总是支持我的科学抱负，一心一意操持这个家。”

穷且横 巴甫洛夫不仅穷，脾气还臭。最擅长的就是劈头盖脸骂学生。1917 年，俄国正闹十月革命呢，街上很乱，巴甫洛夫照做科研不误，有个助手因为街上太乱迟到了十分钟，挨了巴甫洛夫一顿骂。街上有枪声，那都不是个事儿，哪里有狗的实验重要，必须准时做科研。助手刚解释几句，巴甫洛夫一点儿不客气："当你在实验室有工作要做时，一场革命能带来什么帮助。下次还有革命的话，早点起床！"

政治与钱 巴甫洛夫研究条件反射，对政治并不感兴趣。但十月革命之后，巴甫洛夫最初有些不满，说这个革命是"俄国经受的最大不幸"。这其中的一个原因是：巴甫洛夫得了诺贝尔奖后把钱存入了银行；但革命了，银行资产清算了，他的钱没了。

偷狗 穷酸搞科研很有意思，十月革命期间也没人提供经费搞科研了，买狗的钱都没有，巴甫洛夫就带着助手，到外面偷狗。孔乙己窃书不算偷，巴甫洛夫偷狗也可以理解吧。俗话说，偷猫偷狗不算贼，逮到就是一顿捶，还好巴教授的偷狗技术还可以，没被抓到过。

美国失窃 十月革命后，虽然列宁给巴甫洛夫特批了一些政策，但他还是对新政权不满，想申请离开俄国。当然革命领袖列宁同志好不容易培养个科学家，不能轻易放走，不同意，但获准去美国访问。美国也不给老头面子，一到纽约中央车站，就被人把钱偷了，本来钱就不多，真是屋漏偏逢连夜雨。

美国铁粉 巴甫洛夫第二次去美国已经八十岁了，参加国际心理学大会。巴老用俄语发言，大家听不懂，就配了翻译，他说一段，翻译译一段。巴老的心理学界铁粉众多，对巴老很热情，巴老刚讲完一段，还没等翻译

屋外闹革命，屋内做实验

呢，大家就哗哗热情鼓掌，说得太好了。掌声一停，翻译译成英语：刚才这段巴老介绍了实验室的设备。

高帽　1935 年，国际生理学家大会莫斯科召开，官方给他戴的高帽是“生理学家和苏维埃科学胜利的光辉典范”——谁也架不住使劲夸，巴老本来是个对政治无甚兴趣之人，但后来对新政权也友好了许多。

学霸　巴甫洛夫就是那种典型的学霸、老板型导师，野蛮教练。天天泡实验室，但实验基本不自己做，主要监督别人做。他给学生指定课题，给他们找狗，指导研究，改写论文，不满意就发脾气骂人。有一回，一个家伙再也受不了巴教授的精神摧残了，要辞职，巴甫洛夫不同意：我脾气暴是习惯，你该干还得干！

脑残粉　虐徒高人巴甫洛夫对学生虐着虐着，学生们的“斯德哥尔摩效应”就出来了，学生们都成了巴甫洛夫的粉丝：谁跟巴老师关系好一点儿，其他人就嫉妒得要命。如果巴甫洛夫和哪位同学多说几句话，那么这个人就会感觉得到了荣耀……巴甫洛夫中意谁，谁在团队的地位就高。骂你又对你好，这谁摊上都受不了。

斯德哥尔摩效应

1973 年，瑞典斯德哥尔摩的一家银行遭到抢劫，劫匪挟持人质长达六天，在警方解救人质时，人质却出乎意料地掩护绑匪，保护他们不受警察的伤害。在刑事审判时，人质拒绝给出不利于绑匪的证词。人质对绑匪表现出的这种情感共鸣就是“斯德哥尔摩效应”，又称“人质情结”，是指被害者对犯罪者产生感情，甚至反过来帮助犯罪者的一种情结。这种情感使被害者对犯罪者产生好感、依赖心，甚至协助犯罪者。

错过的经典　其实在巴甫洛夫名扬天下之前，1902 年，美国的学者特威特迈尔在博士论文中也用铃声结合膝跳反射，做了和巴甫洛夫思路一致的实验。不过，他当时年轻，参加美国心理协会年会，分组讨论的时候排到了最后。前面的讨论时间过长，到他发言时已经过了午饭时间，大家都想着奔饭了。主席问大家有问题吗？没有，快点吃饭吧。时也，运也。

衣钵　巴甫洛夫做讲座，助手帮着做演示实验，在众目睽睽之下做砸了，窘。巴老很窝火，当场一顿训。助手也委屈，不玩了，辞职。巴甫洛夫冷静下来一想，不行，晚上去做人家思想工作：同学同学你别走，你是我的好助手；虽然我经常冲你吼，你可不理但工作别停手——这个人就是苏联生理学家奥尔别利，后来接替巴甫洛夫做了研究所所长，继承了巴老的衣钵。

赌徒　巴甫洛夫是一个赌徒，将一生押宝在科学研究上并得到大名。即使在研究中，他也有时赌两下：狗流口水是一件比较烦的事，为了度过枯燥的等实验结果的时光，巴甫洛夫坐庄，每人交 20 块钱，然后都写上自己猜的实验结果，谁猜对谁得钱。大家玩得很欢乐，把别的实验室的人都招来了，要赌大家一起赌。

“虐童”　巴甫洛夫为研究条件反射，先是虐待狗，在狗脸上开个小口，引口水出来观察流量，最终建立了条件反射。那人会不会这样呢？没节操的老头竟然真的拿孩子做了实验，也是摇铃导管喂食丸之类……虐待狗可能没办法，还真把人当成狗啊，毫无节操。

白痴天才　巴甫洛夫生活中低能水平一直坚持到老，七十多岁的时候，有一次坐电车去实验室，想事情正激动，车没停就跳下来了，结果腿摔断了。一位女士看到巴老爷子下车的方式，不住惊叹：天哪，这就是天才啊，啥都知道，就不知道怎样正常下车！也是，没点儿个性，还叫天才？

不开门　巴甫洛夫死前还不忘搞研究，一直不断地向坐在身边的助手口授生命衰变的感觉，他要为一生至爱的科学事业留下更多的感性材料。对于人们的关心、探望，他只好不近人情地加以拒绝："巴甫洛夫很忙，巴甫洛夫正在死亡。"来的人被拒之门外，只好心情复杂地走了。这是真的吗？

不接电话　巴甫洛夫临死那天还向医生描述自己的症状，这个是上了史书的，没问题。关于"巴甫洛夫很忙"，国外的一个网站是这样说的：He asked to tell if anyone called on the telephone: "Pavlov is busy, he is dying"。这里说的是来电话不接——您呼叫的用户正忙，没说敲门不给开。反正死前很忙是真的了。

要穿衣服　一生谢幕那天，巴甫洛夫先是自我观察，向医生描述了自己的症状，过一会儿就睡着了。他醒来之后，从床上坐了起来，用他一生都表现出来的、带有焦躁不安的活力开始找衣服。"是起床的时候了，"他高声说道，"来帮帮忙，我必须穿衣服！"——然后衣服没穿上，走了。享年八十七岁。

跨界天才华生

华生，行为主义心理学的创始人。他认为心理学研究必须抛弃“内省法”，而应采用自然科学常用的实验法和观察法，心理学研究的对象不是意识而是行为。华生在使心理学客观化上发挥了巨大作用。1915 年当选为美国心理协会主席。华生是一个个性突出、毁誉参半的人，赞美他的，多是因为他鲜明的观点、惊世骇俗的研究，诋毁他的，往往是因为他并不怎么光彩的桃色事件。

童年　华生家里有六个孩子，他排行第四。华生有个严厉的妈妈，她是虔诚的教徒，孩子抽烟、喝酒、开派对，统统不许。妈妈严格要求，按照一名未来牧师的样子来培养华生。有严母，但没有慈父，华生爸爸可以说游手好闲，相当不靠谱，当地名声也不好。华生十三岁那年，这个坑人的爹竟然抛妻弃子，离家出走，在外面和两个印第安女人同居了。和人本主义大师马斯洛不原谅他妈妈一样，华生也一辈子没原谅自己的父亲。虽然不喜欢，但遗传的力量就是强大，后来华生也在男女关系上出了问题。

差生逆袭　华生中学时代，就是一个标准的差生，懒惰、反叛、堕落、暴力……局子就进过两次，到处找黑人打架就是他生活的乐趣。就这样的表现，哪家大学会收他啊。华生自己也这么认为，思前想后，直接找到弗曼大学的校长，点对点公关，竟然成了，顺利进入大学。当然，也有人说是他妈妈走了后门，但是不是采用的《阿甘正传》中阿甘他妈妈的方式就不知道了。

帅哥　华生上了大学，暴风骤雨的青春期也差不多结束了，学习就上了正轨，成绩也上来了。人聪明，没办法，考试之前整罐可乐精神一下，紧急突击死记硬背，便成了唯一通过希腊文考试的学生。不仅聪明，还俊啊，少女师奶通杀，圈粉无数，多年以后，还有老太太回忆说：“华生是我见过的最英俊的心理学家。”

留级　华生的硕士导师戈登·摩尔，历史上名气不大，但脾气不小。他跟学生讲，谁迟交论文，那就是不及格。华生交晚了，果然不及格。所以，华生硕士不得不多念了一年，华生悔惨了，跟导师斗没个好儿啊。其实导师对他还好啦，后来介绍他到芝加哥大学，继续深造。

师承　芝加哥大学，华生的博士导师是安吉尔。注意，这也是个大神，本科和哲学家杜威混，硕士跟的是心理学家詹姆斯，然后去了德国在冯特那里学习。不过冯老那里人太多了，没拿到博士学位，但有这样的背景，一激动搞了二十三个荣誉博士学位，心理学家之最——华生可以说是詹姆斯和冯特的徒孙。

精神分析　华生对心理健康问题有着特殊的热情。其中一个原因是年轻的时候曾遭遇精神问题困扰，并接受了心理分析，但这并没有给他带来有益的帮助，所以就“记恨”精神分析这一套了，认为心理分析不过是“装成科学的鬼神学”。——后来华生提出了行为主义心理学，三十七岁即当选美国心理学协会主席，以“倡导行为主义，批评精神分析”为己任。

恐惧实验　华生经典研究中那个倒霉的孩子叫“小艾伯特”，才十一个月大。华生在他面前放了一只小白鼠，艾伯特要摸，华生在后面哐当敲铁棒，孩子吓哭了；又放白鼠，还想摸，哐当敲铁棒，又哭了；连续几次，一见白鼠就哭了；后来不只白鼠，见着兔子也哭，见着狗也哭，见着毛大衣也哭，甚至见着圣诞老人的白胡子都哭。这证明，恐惧不是天生的，是习得的。

小艾伯特　　后来这个恐惧泛化的倒霉孩子怎么样了？有传闻说他的恐惧症又被华生通过行为主义方法治好了，但这并不属实。华生确实制定了恢复方案，但孩子吓成这样，家长想想不对劲，抱走不让华生来搞实验了。这个被写入心理学教科书的孩子真名叫道格拉斯·梅里特，并没有健康长大，六岁的时候患脑积水死掉了。

阴谋论　　华生做了史上那个著名的没人性的恐惧实验后，又在论文中对弗洛伊德进行了嘲讽。他说如果成年后，艾伯特对毛皮恐惧，精神分析的治疗者“可能会从他身上梳理出一个对梦的详细叙述，他们对梦的分析将会是，艾伯特在三岁时曾试图玩弄他母亲的阴毛而受到严厉的责骂”。心理学家小心眼儿啊，当年没治好我，今天让你吃不了兜着走。

帅哥老师　　行为主义者华生是芝加哥大学的第一位心理学博士，也是芝加哥大学有史以来最年轻的教授。英俊潇洒，年轻有为，毕业就留校任教，这样的年轻男老师自然获得众多女学生粉丝的关注。一次华生监考，有个女生见到他激动万分，情难自已，不写考题了，直接就在考场上写起了情书，“他那乌黑浓密的秀发、炯炯有神的眼睛……”之类的，华生收完考卷收情书，最后收了女学生。她叫玛丽·伊克斯，来自上流社会的勇敢女生，成了华生的第一任妻子。

师生恋　　华生的两次婚姻都是师生恋，第一任老婆当年在课堂上给华生写情书，顺利把他拿下，但长江后浪推前浪，她之后还有更猛的女学生，即将把她拍在沙滩上。在一个不负责父亲的遗传下，华生暧昧关系众多。华生做的那个很牛的婴儿恐惧实验，不仅让孩子怕了任何有毛的东西，而且还吓坏了华生自己的老婆，因为小三就是这个实验的助手……

女助手　华生原本想过的是“家中红旗不倒，外面彩旗飘飘”的生活，婚后也拈花惹草不断。在华生进行的那个著名的“小艾伯特恐惧研究”中，实验助手是一个聪明伶俐年轻的“白富美”，叫罗莎莉。初见华生十九岁，年轻貌美还有钱。罗莎莉出身世家，她爸经商，她叔是参议员，“泰坦尼克”号沉船后的公众调查，就是她叔叔负责的。年轻教授见到女学生，以研究的名义天天黏在一起，好得跟一个人似的。屋漏偏逢连夜雨，眼看小三得势，玛丽又因生病切了子宫，性欲减退，脾气见长。两口子除了打架还能做什么？

找证据　虽然心生醋意，但原配玛丽还是有风度（有心计）之人，表面上对罗莎莉依然热情有加，两家还经常互相串门呢。一次，她到罗莎莉家的大宅子做客，原配待着待着就喊哎呀头疼，小三经验不多，说那到我房间歇一会儿吧。一进闺房，把门一插，翻箱倒柜，地毯式搜索，皇天不负有心人，找到了华生写给女学生的十四封情书。

专业情书　“我的每一个细胞都属于你，一个一个全部地；我的全部反应都是热烈地指向你；我的心脏每一次跳动同样是为了你；即使外科手术不能把我们连成一体，我也更多地属于你！”——心理学家华生写给小三的情书，非常专业。这些情书，偷情进行中被老婆查获，离婚诉讼中被公开。

闹婚变　找到情书之后，玛丽先和华生谈判，只要不再来往，回归家庭，既往不咎，继续过；然后又找到小三亲爹，你这家庭出这事不丢人啊，让你姑娘到欧洲转一转，断了两个人的念想吧。罗莎莉的爸爸同意了，但罗莎莉不同意。小三说我和华生是真爱，爱咋咋的。华生也过来劝玛丽，要不你先到国外住一段，冷静一下？

小舅子　虽然两口子吵架闹离婚，但别人还不知道，可华生运气不好，又摊上了一个败家的小舅子。华生的小舅子是一个不务正业的人，从姐姐那里得到情书，去要挟小三的父亲，不给钱我就公开。罗莎莉爸爸本来想花点钱息事宁人，但又一想，公开的话华生就倒霉，然后可能女儿就不爱他了呢？于是死活不掏钱。但他想错了。

真爱　小舅子没得到钱，一怒之下把华生的情书交给了校领导，那时候师德是个大问题。华生被解雇了，婚也离了，又是主要过错方，赔了好多钱。好在罗莎莉确实是真心爱着华生，即使他没了工作，没了钱，还是和华生在一起了。

真“老铁”　华生桃色事件，在当年也是街谈巷议，闹得满城风雨，各种媒体大肆报道大学教授道德败坏，白天教授，晚上禽兽，勾引女学生之类，声名狼藉。虽然和罗莎莉结合了，但代价是新妻子和家庭断绝了关系，他们入不敷出，生活拮据。他的许多朋友和同事都不再与他交往，唯一一个对他没有落井下石还算关照的是铁老，铁钦纳。

同病相怜　华生因桃色新闻不得不离开心理学界，名声坏了就赚钱，他想投身商业。此时，到哪里去呢，只有穷人帮穷人。另一个因为性生活不检点被芝加哥大学解雇的社会学家托马斯，把华生引荐给智威汤逊广告公司的总裁，铁钦纳也写了推荐信。后来，广告公司给华生开出上万美元的年薪，比在大学当教授多多了。从此，性情中人华生就开始在广告界混了。

站柜台 华生来到广告公司，虽然薪水很高，但他感觉并不了解消费者，便主动提出到商场干两个月的柜台营业员。通过观察，华生发现了物品摆放与销售之间的关系，超级商场顾客在等待付款时，会买一些原本没准备买的东西。所以，你懂的，现在去各种大超市，收银台旁边的那些口香糖之类的商品都是华生理论的应用。

科学精神 华生在广告业做得风生水起，最后成了公司副总裁，年薪七万美元，比起当年硕士刚毕业时每月二十五美元的教师薪水，一个天上，一个地下。华生将科学精神带给了广告界，不过，他并没有让广告研究科学化，认为这种研究和白鼠实验、儿童实验的精确性比不够。后来，华生在郊区买了个农场，想养动物做实验，但新老婆早逝，他便没心情搞了。

薪酬 华生硕士毕业后在一所小学教书，月薪二十五美元；1900 年到芝加哥求学，为实验室看门，周薪一美元；博士毕业后在芝加哥大学当助理教授，年薪六百美元；霍普金斯大学把他从芝加哥挖走，年薪三千美元；出两性丑闻离开学校去广告界，年薪一万美元；广告界工作九年后，年薪超七万美元。那个年代的七万美元什么概念呢，基本相当于现在的百万年薪。你说为什么华生离开心理学界就一去不回头了呢?

妻子去世 告别旧婚姻，新妻子罗莎莉给华生生了两个儿子，不过好日子并不长，妻子三十岁便感染疾病去世了。华生心灰意冷，从此再没有写过心理学文章，两个孩子也被送进了寄宿制学校。

起名 华生和新妻子生的两个儿子，一个叫威廉，一个叫詹姆斯。我们知道，那个心理学的大师就叫威廉·詹姆斯，从辈分上讲是华生的师爷。你们说，他这是向心理学致敬呢，还是在痛骂心理学是我儿子呢?

收银台陈列的科学

儿子　　华生创建了行为主义，令人遗憾的是，他两个儿子却带着心理创伤长大，都被严重的抑郁症所困扰。威廉原是精神病学家，后来自杀了。另一个儿子詹姆斯活下来了，但他将自己能够生存下来的原因归于长期的精神分析治疗，而非行为主义的功劳。

重获认可　　随着心理科学的发展，学术界越来越看重华生当年对心理学的重要作用。八十岁时，美国心理协会准备给他颁个奖，感谢其为心理学做的贡献，谁年轻时不犯点错误呢。华生本来兴冲冲地去了，但四十年的学术流浪让他近乡情怯，怕情难自已，泪洒当场，最后只是让别人代为领奖。第二年，逝世。

考证　　有传闻说华生和女学生真刀实枪地进行过性研究，这件事出自美国心理学家詹姆斯·麦康奈尔（James V. McConnell）对华生广告同事的访谈，最后收录在自己编写的一本教材中，从此这个事广为人知。不过，2007 年，心理学史学家卢迪·本杰明（Ludy Benjamin）在《美国心理学家》上撰文，对此进行了详细的考证，结论是这个事纯属扯淡。所以，华生性心理实验那个确实只是野史传言而已。

手艺人斯金纳

谁是专家心目中的专家，调查发现，在历史上各个时期的排行榜中，心理学史学家把冯特排在第一，把斯金纳排在第八，研究者则把斯金纳排在第一，把冯特排在第六。在当代的排行榜中，心理学史学家和研究者都把斯金纳排在第一。在 2002 年美国心理学会会员的调查中，斯金纳排名第一。

“凤凰男”爸爸　斯金纳的祖父是个盲流，十九世纪跑到美国找工作，混了一辈子。父亲是个“凤凰男”，先当学徒，再做绘图员，业余学法律，最终成了一名律师，一辈子努力向上流社会混。为了让人瞧得起，家里买了许多书，装成文化人。“凤凰男”是做做样子而已，但给了斯金纳很好的熏陶，让他看了许多书。所以，土豪装修不要只想着麻将房，最好也搞一个书房，除了附庸风雅之外，也可能会一不小心培养一个有文化的下一代呢。

文艺女妈妈　斯金纳姥姥家属于名门望族，妈妈有文艺细胞，钢琴弹得好，歌也唱得好。妈妈曾给小斯找家教学钢琴，不过这个钢琴家教太严厉。那不学了，改学萨克斯，中学时，小斯参加了校爵士乐团。然而，毕竟还是钢琴高端大气上档次，后来，小斯还是学了几首莫扎特的曲子。一招鲜吃遍天，每年演奏会上，小斯都弹这几首，挺受欢迎。

管得严　斯金纳是“凤凰男、孔雀女”组合的家庭出身，两口子对孩子狠是一致的。斯金纳小学二年级，教师的操行评语上有一句“常打扰别人”，全家人都很惊慌，紧张得让斯金纳到老还记得。妈妈不许他在书上乱画，早期教育落下了病根，以至于斯金纳成了老头子的时候，把书弄脏都能愧疚半天。

吓唬孩子　斯金纳的奇葩父母吓唬孩子都有一套：文艺母亲，小时候因为他讲了一句脏话，就立刻把他揪到卫生间，用涂满肥皂的湿布洗刷他的嘴，这嘴太脏得洗，一洗就不说脏话了；律师父亲更绝，为防止他犯错误，多次带他去参观监狱。奶奶疼孙子，对他“好点儿”，把他带到火炉旁，说那火炉里啊，就是地狱，如果你撒谎，就会被放到里面炭烤火燎——这样的教育如果放到今天，得让网友喷死，哎呀不得了了，斯金纳的父母这样是害孩子啊，一点儿爱与自由也没有，长大之后至少是个变态啊。事实真相是：这样悲催的童年没有造就一个杀人犯，他最后成了斯金纳，一个伟大的心理学家。

两大爱好　斯金纳出身于一个山清水秀的小镇，有两大爱好：一是手工制作，研制各种小发明、小创造；二是玩小动物，捕鱼捉青蛙，逮蛇玩蜥蜴……研究心理学后，斯金纳把小时候这两个爱好结合起来，制造了著名的斯金纳箱，专门摧残小白鼠；最后甚至发明了一个育婴箱，在里面养孩子。——在箱子里面养孩子，听起来很吓人，其实也没那么可怕，想了解斯金纳对此的解释，推荐到网络搜索“Skinner：BABY IN A BOX”。

斯金纳箱

为了分析和研究动物的行为，斯金纳专门设计了用于实验的装置，这种装置被称为“斯金纳箱”。箱内放进一只白鼠或鸽子，并设一杠杆或按键，箱子的构造尽可能排除一切外部刺激。动物在箱内可自由活动，当它按压杠杆或啄键时，就会有食物掉进箱子下方的盘中，动物就能吃到食物了。实验发现，动物的学习行为是随着一个具有强化作用的刺激而发生的。

育婴箱　斯金纳不仅设计斯金纳箱，还为自己的女儿设计了一个“育婴箱”，里面的空气经过过滤，湿度可以调节，安静、整洁，孩子按规定的时间出来玩耍和吃东西。斯金纳说：“箱子的一面墙都是玻璃的，白天我们透过这块玻璃跟她说话或打手势。当我们透过窗户看她的时候，她会对我们露出灿烂的笑容。”——箱子里面养孩子，说出来大家也许不信啊，斯金纳后来也因此被人批惨了。

前世　斯金纳上辈子肯定是个手艺人，自小就有制作复杂小玩意儿的嗜好。斯金纳回忆：“我总是在做东西。我做了旱冰鞋、可驾驶的运货马车、雪橇和在浅池子里用篙撑来撑去的木筏子；我做了跷跷板、旋转木马和滑梯；我做了弹弓、弓和箭、气枪、竹筒材制的喷水枪；我用废锅炉做成了蒸汽炮，它可以把土豆和胡萝卜射到邻居的房顶上；我做了陀螺、空竹，使用橡皮筋推动的模型飞机，盒式风筝，靠轴和弦转动送上天的竹蜻蜓。我一直在试着做一架能把我载上天的滑翔机……我曾经摘熟浆果挨户去卖，所以就做了个分选生熟浆果的筛选系统。我用了好几年时间来设计一台永动机（可惜没有成功）。”——如果当年有抖音，斯金纳早就靠这些技能成网上小红人了。不过那时候网络视频没那么发达，没这个机会。但身怀绝技不能浪费，后来成功制造了著名的斯金纳箱，影响了整个心理学。

神迹　行为主义大师斯金纳是一小镇长大的孩子，当年进城把表弄丢了，怕挨骂，不敢回家。突然他领悟到“乐极生悲，否极泰来”，然后就心理平衡回家了。奇迹发生了，他发现了那块明明在城里丢失的表，这个现象简直无法解释，他回家后用“圣经体”记录下了这段经历。成年后，他成了无神论者。

恶作剧　斯金纳大学时和一个教授关系不好。他和朋友搞恶作剧，出了一张海报，谎称著名的电影喜剧明星卓别林将到本校来演讲，主办人就是那位教授。海报贴满了全镇，斯金纳的朋友还把这条消息电告了当地的各家报纸。后来场面便完全失控了，警察必须设置路障来控制人群。——嗯，骗人厉害适合学心理学啊，斯金纳在这方面基础不错。

做家教　斯金纳本科学的是文学，上的是汉密尔顿学院，学校一般，但斯金纳干了个家教的活儿，在学院教务长家教孩子数学，心里很美。这家生活高层次、有品位，每周办一次音乐会，谈笑有鸿儒，往来无白丁。斯金纳家教之余就在火炉边聊聊天，和姑娘们散散步，提高提高艺术修养……所以，大学生做点家教没什么，但遇到什么样的家庭雇主很关键。

作家梦 斯金纳文学专业出身，本来理想是当个作家，他本科时写了几个短篇，还受到了一个大作家的肯定，更坚定了信念。毕业后，他啥也不干，在家做宅男，要圆自己的作家梦……憋了一年，啥也没写出来，焦虑得想看心理医生，去欧洲转了一圈，还是改行吧。

行为主义 1927年，哲学家罗素在其著作《哲学大纲》中赞美了华生的行为主义："我想它包含的真理比大部分人所认为的要多，我认为将行为主义的方法发展到尽可能充分的程度是可取的。"斯金纳看到了罗素的推荐，觉得行为主义不错，说得挺好，就选择并热爱上了心理学。不过后来罗素改主意了，认为行为主义不咋的，不知道斯金纳是否后悔听了罗素的话。

师承 斯金纳在哈佛大学读研究生，导师是波林，师承辈分如下：冯特→铁钦纳→波林→斯金纳。导师的方向是构造主义，但斯金纳研究着研究着，对行为主义方向有了兴趣。论文写完了，和导师的观点不一致，于是波林不想让这个师门叛徒参加答辩。斯金纳小心翼翼地和导师商量，最后公关成功，获得了哲学博士，并且留了校。

学霸之路 斯金纳回忆他的研究生生活："六点起床，学习到早点时间，然后去教室、实验室和图书馆，一直学习到晚上九点整，然后去睡觉，一天之内不列入作息时间表的时间不超过十五分钟。不看电影或比赛，也很少听演奏会，几乎没有任何约会行程，除了专攻心理学和生物学外，什么也不读。"凡事有因果，大家就是这样炼成的。

公关 导师不同意自己的论文，如何公关？斯金纳一是态度很谦逊，二是发挥自己的文艺特长，引用了英国诗人胡德的诗："她俯首承认自己的软弱，承认自己的罪行，温驯地把犯下的过错，由救主任意裁决。"说得这样谦卑，导师波林心一软，放了斯金纳一马，获得了博士学位。没多久，斯金纳就开始旗帜鲜明地反对导师的观点了。

态度好　斯金纳以强化学说著称于世，所谓强化，通俗点讲就是某种行为得到好处就增强，反之就削弱。理论其实是桑代克学习效果律的翻版，不过桑代克实验用的是猫，到了斯金纳这里，用白鼠做实验，而且最后斯金纳名气和影响更大。怕桑代克追版权，斯得大名后给桑写信："显而易见，我只是继承了您的迷笼实验罢了。但是我过去忘了把这个事实向我的读者言明。"桑代克人好，也很客气："我能为您这样一位研究工作者效劳，比起我能建立起一个'学派'更加高兴。"——桑代克是教育心理学之父，人本主义大师马斯洛的博士后合作教授，为人和善，还有个特点和马斯洛一样：丑。

带学生　斯金纳的实验室主攻研究鸽子和养鸽子，但他本人不常去实验室，讲究遥控指挥。每个研究生必须精确完成他的那些指示。斯老喜欢正规、有条理的生活，甚至对如何把鸽子从笼子里取出来，又如何放回去都有明确的书面指导方针。这样的基本做派，看过美剧《生活大爆炸》的都知道，就是心理学界的"谢耳朵"。

滞销　斯金纳的经典作品《有机体的行为》的遭遇和弗洛伊德的《梦的解析》类似，一开始并不招人待见。出版商不想出，写老鼠的没市场啊；心理学家托尔曼帮着斯金纳吹，这是一本好书。后来，哈佛资助了五百美元，终于出版了：首印八百本，四年销售八十本。——比《梦的解析》还差，后者两年卖了三百五十一本。嗯，其实好像都不怎么样，思想太超前，时代还没跟上伟人的脚步。

多才多艺　许多人谈到心理学，只知弗洛伊德而不知斯金纳，但后者对心理学科的影响更强大，在美国心理学会的调查中影响力居首。斯金纳的研究，从基础理论一直到应用实践，都颇有建树。而且他还能写小说，还常上电视，不仅接受访谈，还做动物训练表演。纵观心理学史，无人能出其右，所以相对弗洛伊德，笔者更爱斯金纳。

争议　斯金纳的名著《超越自由与尊严》出版后，争议很大，因为按照此书的观点，社会就可以按照伟人的设计来安排和运作了。没了个体的自由和尊严，这不就是致命的自负吗？当时的美国副总统皮罗评价，斯金纳是一个“攻击美国社会基础规则的极端激进分子和对民族心理进行激进手术的鼓吹者”。神学家鲁本斯坦评价：“与其说它可能成为一个黄金时代的蓝图，不如说它可能是地狱理论与实践的蓝图。”

统计　斯金纳的研究也遭到了一些批评，除了孩子养在育婴箱，还有一点是他的研究缺乏“统计学支持”，只搞了几只老鼠就得结论，没有大样本，不具代表性，不科学啊。斯金纳反驳说，拉倒吧，就烦你们搞统计的，将“巨大数量的无懈可击的数学浪费在了巨大数量的错误百出的资料上”——直到 1984 年，斯金纳还在书里说这个事呢。

写小说　有名有钱有闲了，斯金纳又想起了当年那个未了的作家梦，重新圆梦，不到两个月就写了一本《瓦尔登湖第二》，描述了一个在操作性条件反射统治下的社会。说得挺好，但评价不高，因为按照你说的干，这个社会上的人不都没自由了吗？美国人哪儿能容忍这样的事啊，几家出版商拒绝出这本书。勉强出来之后开始卖得也不好，后来销量渐渐上来了，总共卖了二百多万册。

操作性条件反射

操作性条件反射，又称为工具性条件反射或工具学习，是指先由动物做出一种操作反应，然后给予强化物以强化，从而使受强化的操作反应的概率增加的现象。在操作性条件反射中，刺激物是在行为发生之后呈现的，即非条件反应引发了强化刺激，具有主动性。

上电视　斯金纳懂点传播学的道理，第一次上电视，就石破天惊整出一句："如果在烧掉自己孩子还是自己的书籍之间做出选择的话，我愿意先烧掉自己的孩子。"这当然导致舆论大哗，这心理学教授要烧孩子啊，肯定心理变态啊，效果就如同当年爆红的某综艺节目的一个女青年，上来一句"宁坐宝马车里哭，不坐自行车上笑"一样。心理学家这样说太吸引眼球，结果各家电视台就不断邀请他，斯金纳便经常露面，就有名了。

超过弗洛伊德　斯金纳从哈佛退休后，每天也到办公室，回个信，见个粉丝，写点自传……还有个爱好：时不时统计一下自己文章的引用率。1989 年，他自嘲又有点骄傲地提到，我的引用率第一次超过弗洛伊德了。——现在业内的很多心理学家排行榜中，斯金纳都在弗洛伊德之前了，美国心理学会成员将斯金纳列为对当代心理学具有最重要影响的人物。

The
Psychologists'
Tales

歪 史

养猫养鼠养鸡养鸭

虽然心理学研究的对象主要是人，但由于伦理的限制，很多研究都只能从动物开始，从动物身上发现规律从而推及人类。用动物做研究，最有名的是斯金纳，但动物研究得好的并非只有斯金纳，各类心理学者养猫、养鼠、养鸡、养鸭，个个都是优秀饲养员。这些以动物为对象的研究者，基本也属于行为主义的阵营。

养猫专业户桑代克

习惯性学霸　爱德华·桑代克自小习惯性当学霸。别看长得丑，聪明还努力，学啥都轻松，高中毕业时，各门功课不是第一就是第二。上了卫斯

心理学史上四大神兽

理大学，继承学霸传统，这优秀的啊，年年得奖，毕业的时候创了个纪录，成了该校五十年来成绩最好的学生；搞研究也业内赫赫有名，他的江湖绰号是“教育心理学之父”。

名师高徒　桑代克长得难看，按照生理影响心理的规律，当然就生性害羞、孤僻。本科读的是文学，以前根本不知道心理学是咋回事，大三那年读了詹姆斯的《心理学原理》，觉得写得好，然后就爱上了心理学。1895 年，他进了哈佛大学，成了学界大牛詹姆斯的学生，学习太厉害了，就研究学习，成了教育心理学之父。——我很丑，但是我导师牛。

儿童研究　桑代克一开始做的是儿童研究，詹姆斯老师想让他研究一下读心术，提出的假设是：读懂人心是因为“微表情”，而孩子更能观察到这种细微的表情。桑代克找到一堆小孩，自己想一个数字，让他们猜这个数字是几。结果实验失败了，孩子们瞎猜。不过，猜对有糖吃，孩子们很喜欢，外部奖励真有效啊。所以你看，“你猜猜我在想什么”这个问题，我们心理学很早就开始研究了。

没学派　在詹姆斯指导下，桑代克是心理学史上用动物研究学习的第一人，开创了心理学家养小动物的传统，巴甫洛夫再牛也是在他后面才搞的；斯金纳的操作性条件反射，其实只是源于他的动物学习定律之一：效果律——学习有效果，后面的反应就增强。不过，桑代克师从机能主义的詹姆斯，搞的是行为主义的实验；爱好又广泛，既搞测量又玩意识，四六不靠，没学派。虽然顶着教育心理学之父的名号，但心理学史上留名并不多。长得一般，思想又不搞极端，要想有影响力真是难。

养鸡　为了研究动物学习，桑代克租了房，开始用小鸡做实验，训练它们走迷津[①]，这些迷津是用一些书本隔出来的。但一个大老爷们儿，每天没事干，租了房子在里面养小鸡，房东不干了：不要把我的房子当鸡窝，给我圆润地离开——滚！于是桑代克找到导师詹姆斯，老詹，没地方养小鸡了研究咋整啊？詹姆斯老师什么人啊，天生贵族做事多敞亮啊，别处不行来我家，所以桑代克就到詹姆斯家地下室继续养小鸡了……

情劫　丑人情路多坎坷。人算不如天算，培养小鸡还算容易，培养感情才叫难，小鸡这里没问题了，桑代克的感情出了问题，他失恋了。因为太痛苦，这位仁兄的反应竟然和马斯洛爱情遇挫时一样，转学。哈佛都不念了，转到了哥伦比亚大学，鸡也不养了，养猫。从宠物看性格，养猫的人，聪明内向又傲娇，桑代克一边养猫一边研究，写成了非常牛的博士论文《动物的智慧：动物联想过程的实验研究》——人一失恋，或者容易英语考试过级，或者成专家！

养猫　由鸡到猫的具体历程是这样的：桑代克求爱遭拒，为疗情伤带着小鸡离开哈佛去了哥伦比亚大学。桑代克继续在公寓里养小鸡，房东还以为他是马戏团的驯兽师，天天孵小鸡，有次孵蛋器出了问题，差点着火，这个房东就又把他赶出来了。这回詹姆斯不在身边，没人支持他，所以，桑代克就不养鸡了，养了十三只猫，开始研究猫的学习——名家都不是求被试的，自己养被试。

同病相怜　突然想明白了，大名鼎鼎的马斯洛是桑代克的博士后，深得桑的喜爱。为什么桑代克那么喜欢马斯洛呢？当初小马读博士后时乱折腾，桑老师仍然对小马疼爱有加，可能的原因：这师徒俩都丑，都聪明，都是性情中人，大学都失恋，失恋后都转学……

---

① 指心理学中用于研究学习的迷宫。——编者注

“试误”学习　桑代克把饿猫放在箱子里，外边放上食物，猫触动某个装置，如拉绳子之类，就能逃出来好吃好喝。猫一进去，本来饿得很，看着笼子外有吃的，便乱蹬乱踏，碰巧一拉绳出去了。桑代克把它饿一顿再放进来，小猫再蹬再踏，再拉绳出来；然后强迫症患者桑代克再把它饿一顿放进去……小猫出来得越来越快了，最后它熟悉了套路，刚一进笼就能轻松打开机关出来了。——这就是“试误”学习理论的来源。

手工　猫通过不断“尝试 - 错误”，学会了正确行为。桑代克用“效果律”对此解释：猫大部分行为是无效的，如果行为导致逃出去了，则有效，那么情境与行为反应之间的联结就增强。后来斯金纳对强化行为的解释其实就源于此，不过斯金纳实验用的是老鼠，手工做的斯金纳箱也比老桑的问题箱漂亮。

“捞过界”　桑代克的迷笼实验发表在《科学》《心理学评论》等杂志，声名鹊起，但也引发了一些批评，抢了一些研究动物的比较心理学家的饭碗，尤其是“捞过界”，反对的声音很多。比如说，你这实验虐待小动物啊，猫咪是人类的好朋友啊，这些可爱的猫咪都是“牺牲品”啊；再或者这个实验缺乏生态效度啊，我们研究狗都在农场和田间……

爱好　成名之后的桑代克的两大爱好是：养小动物、写书。研究完猫之后，桑代克养狗、养猴、养鱼……研究各种动物学习，后来研究高级动物——人，搞教育测量。写书那更是玩儿似的，工作四十多年，平均每年写十本；退休之后还写了五十多本；到后来，写书的版税与薪水相比高五倍！后来当选了美国心理协会主席，是 1912 年《科学美国人》杂志民意调查中排行第一的心理学家。

养鼠专业户拉什利

教育名言　卡尔·拉什利是行为主义大师华生的学生，动物行为学、比较心理学的先驱，很早就出了本《大脑机制与智能》，所以，他也是今日显学认知神经科学的奠基人之一。他的研究你不一定熟悉，但他的名言你可以记一下，谈到教育，拉什利说："要教的学不会，会学的就不用教！"

杀老鼠　心理学家拉什利小时候，家中谷仓里的老鼠比较多，他老爹很生气，悬赏：谁杀一只老鼠给五美分。拉什利一看买卖来了，果断接下任务。第一天就杀了三十六只，第二天又扑杀了二十七只，还接着想干，老爹不干了，算了算了，钱包里钱不多了——这种经历太爽了，于是长大后，拉什利就以"杀老鼠"为职业，成了生理心理学家。

养老鼠　拉什利是动物学博士，后来接触到华生才走进了心理学。几十年后，拉什利还在感慨："美国心理学能有今天，这要归功于生物学，归功于华生。"——华生曾想与拉什利合作研究婴儿，但后者不干，他讨厌那些乳臭未干的小孩，所以就研究更臭的老鼠了。

科学控　拉什利研究老鼠大脑很烧脑，"火锅米饭大盘鸡"也不吃，瘦得像个麻秆儿，放到今天就是典型的"科学控"。哈佛聘他任教，令他难以忍受的是，哈佛居然认同精神分析；再后来，哈佛甚至把搞精神分析的 H.A. 默里也聘来任教，对，就是搞主题统觉测验（TAT）的那个人。拉什利简直崩溃了，这不科学啊！

主题统觉测验

主题统觉测验是由美国心理学家默里编制的，测验由 30 张模棱两可的图片构成。图片的内容多为任务，也有部分景物，但每张图片中至少有一个人物在内，另外还有一张空白图片。测验时，每次给被试一张图片，让他根据图片上的内容编出一个故事，内容不受限制，但必须回答四个问题：图中发生了什么，为什么会出现这种情境，图中的人物在思考些什么，故事结局如何。主题统觉测验认为个体通过看图描述，会不自觉地把内在的心理投射出来，通过投射的内容，我们能够对其心理进行分析。另外，投射测验解释起来主观性比较强，显得不那么科学。

虐老鼠　拉什利的研究主要就是摧残老鼠，一会儿把老鼠大脑的这块切一下，一会儿又把老鼠大脑那块捣一下，然后等其康复，让它走迷宫。主要发现：大脑切哪里都影响走迷宫；大脑皮层每一个部位对学习都重要。前者叫整体活动原理，后者叫等势原理，这与流行的功能定位论不同，也是他对心理学最突出的贡献。

功能定位论

功能定位论开始于神经解剖学家加尔和施普尔茨海姆提出的颅相说，认为每种官能都有相对应的颅骨特征和位置。后来，法国医生波伊劳德通过对失语症病人的临床研究提出语言定位于大脑额叶。随后的其他研究发现使人们相信，特定的心理功能定位于大脑特定的位置，现在流行的“左脑理性，右脑情感”的观点就是这种理论的简化版。

养鸡专业户郭任远

荣耀时刻　1972 年，一向只刊登实验报告的专业杂志《比较心理学与生理心理学杂志》，破例刊载了一位中国心理学家的传记，这也是唯一一位入选《实验心理学百年》的中国心理学家，他创建了第一个以中国科学家命名的实验范式——“郭窗”，他就是郭任远。

超华生　郭任远，人称“超华生”，比华生还华生，直接主张取消本能说。啥，你说猫吃老鼠是本能？我能证明这不对。郭老师把猫和老鼠从小一块儿养，猫一对老鼠有非分之想就电击它，给猫点儿颜色看看，几番“电疗”之后，不电猫，猫也不敢咬老鼠了。于是，汤姆和杰瑞就很和谐地、没羞没臊地在一起了。这就是史上著名的“猫鼠同笼”实验，郭老师因此也名声大震。

没啥是本能　郭任远的绝技是能在鸡蛋上开天窗，架上显微镜观察：雏鸡心脏一跳，鸡头也随之移动。心脏跳啊跳，鸡头动啊动，后来形成习惯，一生下来，小鸡就会啄米了。所以小鸡啄米不是本能，是强化的结果。郭老师研究鸡蛋数千，鸡蛋上开的口，史上尊称“郭窗”（Kuo windows）。

——另外，郭任远是这样解释小鸡啄米非本能的：小鸡出壳，鸡头自动点，点一下吃到米，便得到强化，就接着点头啄米吃了。所以，小鸡啄米非本能，而是心脏跳动带动鸡头动，形成习惯，最终学会了啄米而食。

校长也弱势　“超华生”郭老师学而优则仕，后来回到伟大祖国，当了浙江大学校长，他以猫鼠同笼的姿态来管理学生：一切军事化，大学生统一着装，街上见人行军礼。“一二·九”运动时，学生要游行，他紧闭校门，禁止离校，态度坚定充满自信，采用维稳策略。后来，学生闹事闹大了，他就下台了——后一任校长，浙大学生都记得的，竺可桢，中国近代地理学和气象学的奠基者。

晚年　像郭任远这样受到国际认可的心理学家，本来应该在国内混得风生水起，但他没弄清楚科学研究的基本立场，可惜了他那对扭转世界心理学发展趋势做出的重要贡献。

心理学理论要为人民服务，后来中国现代心理学奠基人之一潘菽就清醒地认识到了这一点，他是中国科学院院士，人称“红色教授”。

养鸭专业户洛伦茨

养鸭　生物心理学家康拉德·洛伦茨也是一个“富二代”，家中小儿子，父母宠爱。身为“富二代”，不“作”对不起父母，六岁时听了《骑鹅旅行记》，然后就想变成野鹅，变不成就想养野鹅。母亲想要是养野鹅那花园就要废了，父亲想孩子这么小就养这玩意儿不等于虐待动物吗，都不同意。但洛伦茨“作”啊，坚持要养，没办法，父母折中一下，让他养了一只小鸭子。没想到小洛伦茨鸭子养得好，一下养到了十五岁高寿（一般鸭子的寿命是三到八年）。——养鸭子养出经验来了，成年后完成夙愿，终于开始养鹅了，养鹅又养鸭，同时做研究，最后得了诺贝尔奖，成了习性学的开山祖师。

印刻效应　洛伦茨的成名作是关于“印刻”（imprinting）现象的研究。他发现，小鸭子在出生后不久所遇到的某一种刺激或对象（母鸭、人或电动玩具），会印入到它的感觉之中，使它对这种最先印入的刺激产生偏好和追随反应。他做了个实验：让新生的小鸭子在十到十六个小时之间，看不到母鸭子，而首先看到洛伦茨自己。于是，有趣的事情发生了。洛伦茨在小鸭子前面走着，身后跟随着几只小鸭子。小鸭子将洛伦茨当成了自己的母亲，换言之，在小鸭子出生十多个小时的时候，见谁谁是妈，这个时候是它认妈的关键期。——现在网上妈妈群里天天讨论的，幼儿教育的关键期理论就是起源于此。

不讲政治　洛伦茨研究做得好，但政治上不成熟。作为一个奥地利人，1938 年，洛伦茨入了党，不过是加入了纳粹党，并接受了在纳粹政权之下的大学主席职务。第二次世界大战中，以大学心理学教授的身份进入德军参战做医师，和苏联人打仗，然后被苏联人俘虏了，作为战犯蹲了四年监狱。经过社会主义铁拳的教育，回来后，他又老老实实做研究了。

诺贝尔奖　诺贝尔奖设置中并没有心理学，所以弗洛伊德即使再伟大也不能得诺贝尔奖。但这并不意味着心理学人不能得诺贝尔奖，看看下面这几位：康拉德·洛伦茨，心理学者，研究动物习性，1973 年获诺贝尔生理学或医学奖；赫伯特·西蒙，心理学者，研究人工智能，1978 年获诺贝尔经济学奖；罗杰·斯佩里，心理学者，研究裂脑人，1987 年获诺贝尔生理学或医学奖；丹尼尔·卡尼曼，心理学者，研究行为决策，2002 年获诺贝尔经济学奖；特兰斯特罗默，心理学者，研究诗歌，2011 年获诺贝尔文学奖；莫泽夫妇，心理学者，研究位置感知，2014 年获诺贝尔生理学或医学奖；理查德·泰勒，心理学者，研究行为决策，2017 年获诺贝尔经济学奖；奥尔加·托卡尔丘克，心理学者，研究写作，2019 年获诺贝尔文学奖——没有了心理学，诺贝尔奖会怎样？

第5章 05 随性人本主义

文艺青年马斯洛

他的母亲迷信、冷酷、无知，对孩子毫无爱心；他的父亲嗜酒成性，喜欢和女人打架，夫妻关系一直紧张。他一直恨母亲，甚至拒绝出席她的葬礼。他娶了表妹为妻，跟铁钦纳学习，是哈洛的第一个博士生，研究的是猴子。最后，他的理论因强调人的积极、创造力和情感性而成名。他就是亚伯拉罕·马斯洛。

妈妈是极品　马斯洛的妈妈像个生育机器，定好闹钟，定时每隔两年生一个。生了新的烦旧的，所以小马和妈妈关系并不好。“我母亲就是文学作品中所描写的那种精神分裂症病人，她能使她的孩子变得疯狂，我非常好奇为什么自己没有变得不正常。不过我得承认，在我前二十年的生命中确实有些神经质……”

爸爸没同情心　马斯洛是近亲结婚的产物，他的爸爸是犹太人，娶了自己的表妹——小马妈妈。优生没做好，所以小马长得丑，从小自卑。爸爸还火上浇油，和大家说：“你们见过比他丑的孩子吗？”缺啥来啥，爸妈关系差，对他也不好。学校里的老师、同学也不喜欢犹太人——后来，马斯洛提出了非常有爱的人本主义心理学的理论。

最爱是表妹　受爸妈表兄妹近亲结婚的影响，马斯洛中学时也喜欢上了自己的表妹贝莎。他常常到表妹家串门，暗恋未免太痛苦，小马又太羞涩。有一次，未来的大姨子安娜实在看不过去了，把小马推向贝莎，上啊，吻她吧！马斯洛就吻了，贝莎没有拒绝，回吻了他。后来马斯洛在讲高峰体验的时候说了这一段往事。

高峰体验

高峰体验指的是一个充分实现了人的自我潜能，窥见了宇宙的终极真理，同时又令人感到极度兴奋、心醉神迷的短暂时刻。根据马斯洛的观点，高峰体验可能来自爱情，来自审美感受，来自创造冲动和创造激情，来自意义重大的顿悟与发现，甚至可能产生于非常平凡的生活天地里。不过，不是生活的任何情形都可以产生这种体验，只是在人们处在臻于完美、实现愿望、达到满足、诸事顺心等完满状态时，它才可能出现。

转学　马斯洛爱上了表妹，又不好意思说，甜蜜又痛苦，总找各种理由去串门。马斯洛后来回忆当时的情况：“我总是往她家跑，却从没碰过她，我的性欲很强，所以与她在一起的时光总让我很难熬，我总是想着那事儿。”——后来太难熬了，小马哥竟然转学了，这是什么操作啊。后来，两人还是在一起了，幸福了一辈子。

康奈尔 马斯洛大学期间，本来在纽约城市学院读法律，学了三个月，对课程内容不满，加之爱上表妹怕控制不住自己，眼不见心不烦，转学去了康奈尔。康奈尔是铁钦纳大本营，小马本来爱好心理学，但上了铁钦纳的心理学课，这一上，对课程内容更不满：“这门课是如此可怕和枯燥，同人一点儿联系都没有。它让我感到震惊，因而我退出了这门课程。”这其实也是今天常见的现象，许多心理学爱好者进入心理学课堂才发现，你科学的心理学不是我心目中的心理学啊。

爱恨交织 马斯洛在康奈尔听了铁钦纳的几堂课，对心理学也丧失了信心，又返回纽约，这时候看了几篇华生的文章，然后又喜欢上心理学了；接着，接受了严格的行为主义训练，又不喜欢心理学了。

华生 “真正使我感到兴奋的是华生的文章……在令人激动的时刻里，我突然看到了在我面前展现的心理学作为一种科学的前景，看到了一个给人以希望的真正进步的和真正解决问题的规划。我们所要做的只是勤奋工作和全身心地投入。”马斯洛如此回忆看到华生文章时的心情。

太太 “华生规划了一个美好的计划，而这也带我进入了心理学。但他的致命缺点是，这套理论是为实验室准备的，也只有在实验室里有用。在家里，面对孩子、老婆和朋友，它就没有用了……如果在家里，你用在实验室里对待动物的那一套对待孩子，太太一定会把你的眼珠子抠出来。”马斯洛又说。

偷论文　虽然受了行为主义训练，但文艺青年马斯洛自然更喜欢人文色彩的题目，硕士论文他想研究美学，尤其是有关音乐欣赏的心理学。不过被老师们给否了，指定他研究学习效果的持久性，讨论文字材料和词汇素材的学习，马斯洛“捏着鼻子”完成了论文，拿到了学位。不过他对自己的研究实在不满意，一天竟然溜进图书馆把自己的论文偷了出来，把目录卡片也撕了！——不过后来教授把论文公开发表了。小马，你研究认知的能力不能埋没啊！

阿德勒　德国是冯特的福地，也是希特勒的福地，纳粹兴起，心理学家呼啦呼啦都跑美国去了，纽约便成了心理学世界的中心。马斯洛没见过弗洛伊德、荣格，但和阿德勒、弗洛姆等精神分析的改良派搞在了一起。他常去阿德勒家串门，讨论容貌差一样能成才之类的，跟啥人学啥样儿，所以马斯洛后来的理论也不科学了。

导师　马斯洛二十二岁读博，导师也不大，是二十五岁的酒鬼哈洛，研究猴妈妈玩偶那个，不大管他。马斯洛的博士论文研究的是猴的支配权与性行为，天天观察猿猴是怎么做爱和做老大的，上瘾了。写的博士论文很出色，后来被教育心理学之父桑代克发现了，收到哥伦比亚大学做了他的博士后。

博士论文　马斯洛的博士论文研究的是猴子的支配权与性行为，主要发现是：无论公猴母猴，谁说了算，性行为中就越主动、越活跃；性动作体现了“支配 - 服从”的关系；怎样确定谁说了算？不是决斗，互相打量瞪瞪眼，高低立现。

博士后　马斯洛博士毕业时其实是准备找工作的，不过正赶上美国经济大萧条，工作不好找。再加上小马难看，又是犹太血统，还起了“亚伯拉罕”这样的俗名，有些人劝他改名转运，小马拒绝了。找工作找不到我再读个博吧，于是开始攻读医学博士，但这学医太血腥了，文艺青年受不了，几个月后就放弃了——这时狗屎运来了，桑代克喊他去做博士后。

人类性行为　桑代克收马斯洛做博士后，本来让他协助做“人性和社会秩序”的研究，不过没几天小马哥老毛病又犯了：不喜欢这个研究，自作主张想扩展一下博士论文，做“人类性行为与支配行为”的研究。没法观察就访谈，一个男被试没找，找了一堆大姑娘小媳妇访谈，而且访谈地点就安排在桑代克的办公室……

智商 195　桑代克是马斯洛的贵人，小马哥这样折腾也没有开了他。原因之一是桑此时正在搞智力测验，也测了测小马，结果发现：马斯洛智商195！天哪，这是标准天才啊！桑伯乐发现了“千里马马斯洛”，就这智商，我还要啥自行车啊，博士后出站找不到工作，我供你一辈子！——桑一激动把自己的办公室给小马了。

金赛　博士后期间，马斯洛研究人类的支配权与性行为，访谈了很多女性，发现：女性性态度和性行为与自尊有密切关系。就是说，有主见的女性性行为更积极主动，缺少主见的女性性生活也被动保守。——这在心理学界影响不大，但对一个人影响大极了，他就是研究人类性行为的那个著名“流氓教授”金赛。

直言不讳　金赛热情洋溢地跑过来找马斯洛合作，但马斯洛随后发现，金赛你这研究不行啊，我觉得至少对女性来说，个人支配欲越强，就越愿意谈性，愿意在性活动中玩花样。但你这访谈取样有误差，那结论肯定就

启发“流氓教授”的流氓研究

有问题啊。——金赛很生气，就你明白，不合作了。《金赛性学报告》中从来不提马斯洛。

人本之源　第二次世界大战开始时，美国国内有游行，马斯洛看到后老感动了："我感到我们不理解——对希特勒、德国人、斯大林、苏联人，我们都不理解。我们不理解他们中的任何一个……"马斯洛边哭边想，为了更好地理解这些人，他就不再搞实验研究，改玩人本主义心理学了——马斯洛《动机与人格》那本书中说的。

需要层次　马斯洛的主要观点大家都耳熟能详：需要层次理论、自我实现、高峰体验。尤其这个需要层次论，太牛了，牛到什么程度？心理学导论中要讲它，心理学史要讲它，教育心理学要讲它，管理心理学要讲它……这个理论一定要学过瘾才好。那你知道，经典的五层次需要，后来马斯洛又加了两个是什么吗？——认知需要和审美需要，处在尊重需要和自我实现需要之间。

认知需要和审美需要

认知需要指人们在加工信息过程中是否愿意从事周密的思考以及能否从深入的思考中获得享受，它反映人们愿意思考和探索真实世界的倾向。认知需要高的人比较喜欢复杂的认知任务，愿意尽可能地运用已知经验和信息，倾向于全面搜索和详细分析有关的材料。认知需要低的人倾向于回避努力的思考，比高认知需要者更有可能扭曲或者忽略相关信息。

审美需要是具有实体性内容的审美价值观念和审美价值取向，是指人因追求和谐、完美等事物而引起的心理上的满足。只有当事物以合乎人的本性的方式跟人发生关系时，它对人才是有价值的，

> 人才能从中得到合乎人性的审美需要。从这个意义上说，美是一种合乎人性的价值事实，而审美需要就是一种合乎人性的需要。

上课　马斯洛老师当得挺不错，他主要讲的课是人格心理学和变态心理学，很受学生欢迎。而且，马老师助人为乐，做起学生工作来像优秀辅导员，常邀请学生到自己家里聚一聚，男生女生有些情感问题也常向马老师请教……当然，马老师的态度那是绝对“人本”。

自我实现　马斯洛研究的自我实现啥意思啊，一次马老师在课堂上给大家讲自我实现的特征，包括：自然表露自己的思绪和情感啊，笑看人生的困境与烦恼啊，乐于解决问题啊，有开放的心态和无私的爱心，敢于自嘲，有主见啊，等等。学生在下面嘀咕：咦，这不是马老师平时的自我评价吗？马老师卖拐，自吹自擂不用打草稿。

当主席　马斯洛 1967 年当选为美国心理协会主席，名头挺亮，但事太多，老马又认真，时时刻刻想着工作，没有真正的娱乐、闲暇或休假，文艺青年来当官，就是个折磨啊。老马干着干着心脏病就犯了……一年后，有公司邀请去做研究员，只拿钱，不干活，还配车，给安排私人办公室，这不就是养老吗？老马想想答应了。

心脏病　“只拿钱，不干活”这好事哪儿找，马斯洛也不自我实现了，只想着养老了。每天生活很规律，晨起游泳，接着用膳，然后开着大奔驰去班上转……不过苦命人享不了福，心脏病的底子，一天晨跑中突然就犯病了，没缓过来，享年六十二岁。后来有人整理了他的手稿，攒了本书——《洞察未来：马斯洛未发表过的文章》。

老好人罗杰斯

“爱点头，爱倾听，爱嗯嗯啊啊，爱面带微笑，也爱尊重理解不说教，我不是什么老师，也不是生活的指导，我是罗杰斯，我为人本主义代言。”——卡尔·罗杰斯，美国心理学家，人本主义心理学的主要代表人物之一。从事心理咨询和治疗的实践与研究，并因“以来访者为中心”的心理治疗方法而闻名。1947 年当选为美国心理协会主席，1956 年获美国心理协会颁发的杰出科学贡献奖。

不许　人本主义大师罗杰斯在家里排行老四，父母都是虔诚的基督徒。他们的教育除了无微不至的关怀，还有一个关键词就是“不许”：不许随意表达感情；不许与周围的人有过于亲密的交往；不许去跳舞、打牌；不许看戏；不许喝酒，甚至汽水也不许喝……后来，罗杰斯提出了人本的概念，没有任何“不许”，想干啥您说了算。

孤独　家里限制这么多，本来就把小罗搞得内向敏感了。父母还不知足，大城市太乱，城里人太会玩，对孩子成长不利，为了给小罗营造一个“好环境”，罗父罗母学孟母，搬家。他们在郊区买了个农庄，防止孩子在城里“堕落”。这下，罗杰斯就没啥跟同伴交往的机会了。孤独啊，寂寞啊，就开始瞎琢磨了，对心理学感兴趣了。

超纲了　罗杰斯小时候在乡村里研究飞蛾，在家里翻箱倒柜找出一本关于实验研究的书，还看得津津有味，后来才知道这本书是中学教材。他说，他看懂了，因为“没人告诉他小朋友是读不懂这本书的”。

学农　罗杰斯虽然对心理学有兴趣，但刚上大学学的并不是心理学，而是农学。原因在于奇葩父母管得太严，不允许小罗与周围的人交往，又住农庄，没啥人，小罗没事读读书，天天和动植物打交道，大学就学农了。

笨嘴拙舌 罗杰斯农学学了不久，就发现自己志不在此，想当一名牧师，就进了神学院。读研期间，曾到教堂做实习牧师。不过，罗不喜欢做这种灌输式的思想工作，尤其是长期的农庄生活使得他欠缺交往，口才一般，布道超过 20 分钟就没词了。后来，进入心理学，他发展了“来访者中心疗法”，在这种咨询治疗中，主要是来访者说，咨询师不用多说话。

来访者中心

“来访者中心”也称“当事人中心”，强调以来访者为中心；强调把整个心理治疗看成是来访者逐渐转变的过程；还强调咨询者应持有非指导性的心理咨询技巧等特点，以使来访者在融洽、温暖的氛围中达到自我成长。

来访者中心 罗杰斯认为，咨询时应创造一种绝对的无条件的积极尊重气氛，以助人自助。但在这种咨询中，咨询师一般也不会给你什么具体意见了。学罗杰斯这种心理咨询策略最爽了，自己不大说话，也不出啥主意，主要听来访者讲故事，自己“嗯嗯啊啊”，然后……就收钱，牛吧。——其实也没那么简单，但以来访者为中心的咨询强调倾听，说话少是真的。

无条件的积极尊重

无条件的积极尊重又称无条件的积极关注，这意味着对一个人做的所有事情都给予一样的积极尊重与关注，即使是客观上消极的行为也要接受，因为它是这个人的一部分。

罗杰斯认为，每个人都应当被爱、被认为是有价值的。当父母或老师用言语或行为表示出的爱，取决于孩子的行为是否符合父母或老师的愿望时，孩子就不可能得到全部的自我实现。孩子所需要的是无条件积极关注与尊重，即无论孩子做什么都给予全部的、真正的爱。

笑话　有一个吐槽罗杰斯来访者中心咨询的笑话：病人说我想跳楼，罗杰斯说嗯，我听到了。病人说我要跳了，罗杰斯说嗯，我看到了。病人跳了，"啊啊啊"高喊，罗杰斯，"嗯，啊啊啊（惊吓得大叫）"——病人说什么，就回应什么。

文笔好　人本主义大师罗杰斯自小内向，口才一般，见着女孩就腼腆，否则他就不会搞那个嗯嗯啊啊的共情倾听了。爱上了一个打小就认识的女青年，不好意思说。大三的时候找了个机会去中国开会，长路慢慢，就开始给女孩写信。口才不好咱文笔好啊，写啊写，越写感情越深，顺利将女孩拿下。从中国一回美国，他就订婚了。

青梅竹马　其实，罗杰斯的爱情和精神分析领域那些男女关系混乱的大师们不同，他是标准的青梅竹马从一而终型的。这其中一个原因就是罗杰斯自小就腼腆内向，见着女孩子张不开嘴，念高中的时候，总共才约过两次女孩子，而且其中的原因是要参加高年级学生组织的舞会，按规定不带女伴别来，没办法才约的女孩子。

还是她　这个陪伴了罗杰斯一生的女人叫海伦·埃利奥特。他们俩从小就认识，但后来罗杰斯家搬家到郊区，两人分开了，断了联系。罗杰斯上大学后又见到故人，因为胆量小，约别人不敢，大学的第一次约会就献给了

非指导性治疗诞生记

海伦，后来胆量大了，才开始约别的姑娘。人本主义大师的恋爱，从杀熟开始。

情人老的好 陆续约了一些，但还是觉得海伦好，罗杰斯好马也吃回头草，便专一约海伦，感情日深，但没表白，只能单恋。后来，趁着去中国参加会议的机会写情书，嘴里不好说的，文字中写，越写越肉麻，越写越肉麻，一开始“亲爱的海伦”，到后来就“我的心肝”。情书文笔好，女孩心长草，渐渐地海伦扛不住了，开始和罗谈恋爱了。

早婚 罗杰斯平生赚的第一笔钱没有孝敬爹妈，而是买了辆二手福特车，方便和海伦约会。求婚成功后，罗杰斯感叹：“世界上最美妙的奇迹发生了，在当晚由市郊返回学校的火车上，尽管又脏又吵，我对周围的一切充耳不闻，整个人就像在云端里飘着。”——虽然当时双方父母都不大情愿，但两人还是早早结婚了。

实话实说 罗杰斯两口子性生活一开始不太协调，这事虽不好开口，但罗杰斯思前想后还是要说一说，因为两口子有共识，任何一方有必要了解对方的真正需要和想法。说破无毒，就实话实说，然后就圆满解决了——后来，罗杰斯在其专著《成为伙伴：婚姻及其他替代性选择》中，说到婚姻问题的根源就是失去真自我！两口子要心贴心，大家摘下面具，真诚沟通吧。

中国行 谈过婚姻回来说求学，罗杰斯的父母都是虔诚的基督徒，有着“非我族类，其心必异”的观念，想尽办法教育小罗。1922 年，大三的小罗中国之行的目的之一就是去参加一场基督教联合会。这场游学搞了半年，北京上海大广东，中国香港，紧接着日本菲律宾，都玩了个遍，也认识了世界各地的小伙伴，信啥的都有，然后小罗就不听父母那套了。

博士没读完　1928 年，读博士的罗杰斯得到了一个机会，给违法少年、不良儿童做咨询，钱不多，年薪不足三千，但拖家带口，老婆孩子要生活，博士论文未完就工作了。离开学界咨询十余年，根据咨询经验写了他的处女作《问题儿童的临床治疗》。然后，俄亥俄州立大学竟据此聘他做了教授。英雄莫问出处，教授不一定都要发 SCI。

纵火犯　其实，罗杰斯一开始做咨询搞的也是弗洛伊德那一套。他碰到了一个有纵火癖的少年犯。按精神分析解释，小孩纵火根源在于性，于是一次次谈话后，找到原因了，问题在于孩子手淫。一番指导后，似乎问题解决了，但放出来又纵火了。罗杰斯迷惑了，这精神分析不科学啊，于是开始研究更不科学的人本主义了。

自己打分　罗杰斯最初任教俄亥俄州立大学，首创了咨询和心理治疗课程，罗老师在大学很受学生欢迎，原因是他尊重学生，对学生一视同仁，相信学生具有自我负责的精神……其实关键在于，这家伙让学生自己给自己打分。江湖传言：学咨询不必拜菩萨，选老罗的课不挂科。

砸场子　1940 年 12 月 11 日，罗杰斯老师到明尼苏达大学演讲，当时明尼苏达大学是指导性治疗的大本营，罗杰斯却做了一个“心理治疗中的若干新观点”的演讲，说的就是重视当事人那一套，大肆宣扬“非指导性治疗”，矛头直指明尼苏达大学主持演讲的主席。当然，现场就有人拍砖了，罗杰斯很苦闷，你们咋不理解呢？于是把自己琢磨的一套想法写成了《咨询与心理治疗》一书，这影响就大了。后来罗杰斯把这一天称为“来访者中心疗法”的诞生日。

非指导性治疗

非指导性治疗强调患者的经验和主观世界，如向患者提供适当条件，患者就有能力解决自己的问题。罗杰斯认为人人都有发展的潜能，都有发挥潜能的内在倾向，即自我实现。治疗师的作用是帮助患者意识到解决自己问题的能力只存在于他们自己本身，患者在治疗过程中被赋予主导权，从中自己找到治疗办法，增强自我意识。

畅销又常销　《咨询与心理治疗》影响很大，有人评价“没有任何一部著作对美国心理咨询和心理治疗所产生的影响能超过这本书”，我们熟知的“来访者”“来访者中心”的概念就源于此书。不过最初出版商很犹豫，这书销量能行吗，谁会拿它当教材啊？罗杰斯说除了我本人，我就知道有另外一所大学用。折腾了一段时间，罗杰斯有些气，爱出不出吧，实在不行我换出版商，最后出了，销量竟非常好，卖了七万册。

杰出贡献奖　罗杰斯当事人中心这一套一开始很多人不认可，觉得不科学；后来影响大了，有人开始做研究，一验证，好使，就科学了。罗杰斯获得美国心理协会第一届杰出科学贡献奖，颁奖词说他“发展出一种方法，使得对心理治疗过程的描述和分析具有客观性，对心理治疗及其对人格和行为的影响作用提出了一个可检验的理论……”罗杰斯一听到自己获奖，可激动了，受这帮家伙的气这么多年，之前都说不科学，如今终于科学了。“当宣布我获奖的时候，我的喉咙哽咽了，眼泪流了下来。”——他是应该激动，当年为生活所迫，博士没读完就去做咨询，搞了多年咨询又回到高校，终获学院派的认可，圆了一个梦。

个人自由　在高校里证明了自己，罗杰斯后来又辞去了大学教职，到社会上搞了个“人学研究中心”，爱研究啥研究啥，完全的个人自由与专业自由。写写书、拍个电影、搞搞工作坊，在一个美丽的海滨小镇，有一栋房子，面朝大海，春暖花开，还有一个美满如意的家庭……反正就是咨询师们的理想生活了。

关系　罗杰斯认为，不是技术而是关系的质量在个体转变中起着更为重要的作用，治疗关系是来访者中心疗法的核心，包含四个要素：①真诚（Genuineness）；②无条件关注（Unconditional positive regarding）；③同理心（Empathy）；④信任（Trust）。——其实不仅是治疗的要素，教育亦如此。

真实自我　罗杰斯分析婚姻失败的原因，他认为大多数婚姻中出现问题的根本原因是婚姻双方，或某一方在婚姻中失去、忘记或隐藏了真实的自我。坦诚的表达、保持一定的独立、不断的交流才是经营婚姻之道。——总之，罗杰斯老人家的意思就是：两口子过日子，别装。

倾听起源　罗杰斯一开始咨询也是指点人生类型的。一次，有位母亲咨询自己孩子的问题，罗杰斯又解释又建议的，后者就是不上道。后来小罗没词了，对你我没招儿了，你爱哪哪儿去。女士走前问了一句，你这儿给成年人提供咨询吗？那就再唠十块钱的吧。女士开说，罗没准备也说不出来啥，就干听——非指导性治疗就诞生了。

走麦城　罗杰斯因为非指导性治疗声名鹊起，自信满满，有点儿飘。有次来了个精神分裂症，他硬要给人家非指导性治疗，满含真诚，又是倾听，又是共情，来来往往几个月，精神分裂症没好，他自己差点整崩溃。最后终于承认错误，非指导性不是对谁、对啥病都好使，转介吧。之后，他和老婆出去玩了一个多月，治疗自己内心的创伤。

冤家相见　很多人觉得人本主义和行为主义似乎水火不容，1955 年 9 月 4 日，行为主义大师斯金纳和人本主义大师罗杰斯都参加了美国心理协会的年会。当时，许多小伙伴在下面围观，好渴望他们吵一架啊。撕啊，撕啊，结果，君子和而不同，两个人的共识比差异多，根本没吵起来。斯金纳说，我们哥儿俩目标一致，只是方法有些不同。

“精分”豪放女霍妮

学术上，她与阿德勒、荣格齐名，是当代新精神分析学派的主要代表；生活上，她是位性自由主义者，主要围绕男人而展开，对男子追求，然后失望，然后再追新的，同学不放过，朋友也不放过，同一时间爱好几个。一会儿感觉“爱与被爱的无限幸福”，一会儿又经历“令人瘫痪的疲惫与冷漠”。“女性只有在性生活方面获得自由，才能有力量，才能独立。”——她就是“精分”豪放女、心理学女汉子、业界第一“作”：卡伦·霍妮。

焦虑　卡伦·霍妮，德国心理学家，新弗洛伊德学派研究者。霍妮生在一个父母关系紧张的家庭中，是个性自由主义者。霍妮对基本焦虑的研究贡献良多，并提出了理想化自我的心理学概念。代表作有《我们时代的神经症人格》《我们内心的冲突》《自我分析》《神经症与人性的成长》等。

船长爸爸　霍妮的爸爸是个船长，在家时间少，对孩子关心也少，但他是个虔诚的天主教徒，对孩子信教要求比较严。霍妮对爸爸感觉不好，认为他“虚伪、自私、粗鲁而没有教养”。不喜欢爸爸，她就厌恶天主教和《圣经》。爸爸强化的这些教条虽无法阻止她行动，但时常侵扰着她的心，每次放纵自己后就感觉焦虑。

没人喜欢我　霍妮老爸老夫少妻，对霍妮妈很娇宠，后者却看不上前者。于是，霍妮和妈妈、哥哥一起鄙视老爸。妈妈是一家焦点所在，受众人欢迎，但妈妈重男轻女，不待见霍妮，哥哥也不喜欢她，所以，霍妮自小在家就没有存在感，始终有无法摆脱的自卑："我是令人讨厌的孩子！"——因此，找一个人来崇拜、来爱成了她一辈子的主旋律。

青春萌动　不喜欢爸爸，但宗教信条已经深入脑海，十七岁之前，霍妮都认为婚前性行为是一种罪过。不过，在一次与同学八卦中得知，班级里有些女生已经和男朋友那个了……霍妮动摇了，在日记中写道："如果一个人可以承担所有的后果，那么把自己献给真正爱的人并非不道德。"——潘多拉盒子就此打开了。

初恋时不懂爱情　十八岁那年冬季的圣诞节，第一场爱情从天而降，一个叫恩斯特的小伙儿闯入霍妮的世界，引领她进入了爱情的天堂。假期结束了，小伙儿开始玩失踪。霍妮等啊，盼啊，其实就是被骗啊，果然有心理学者素养，不久就给自己找到了借口：算了，他就是个做事凭感觉的大孩子——心理平衡了。

第二春　冬天来了，春天还会远吗？十九岁的春天一到，霍妮就找到了自己的第二春，一个叫罗尔夫的学音乐的学生。小罗童年也惨，两人同病相怜，就搞到一块了。这回还真是一个"大男孩"，小罗对霍妮还很依赖，向她倾诉，扑在她怀里哭泣……

出轨有理由　霍妮和罗尔夫感情不错，激情不足，两人又长期异地恋，霍妮的小欲望越烧越旺，行为也就放开了，一边和罗保持恋爱关系，一边四处约会。被初恋背叛之后，霍妮自己也成了背叛者，她有些内疚，不过心理学人学识广，可以为肉体出轨找理由：“完美的友谊并不意味着两个人不可以爱上第三者……”

异地恋难办　趁着与罗尔夫异地恋的空当儿，不甘寂寞的霍妮又找到了一个男人，此人和初恋同名——恩斯特，特点也一样——猛男。霍妮身体倾向恩，精神倾向罗，全都难割舍。后来，霍妮向罗尔夫坦白了和恩的关系，和他商量，要不咱仨就这样凑合过吧！罗尔夫回答很干脆，扯，给我滚！

激情之爱死得快　霍妮终于和第二个恩斯特在一起了，但斯滕伯格的爱情三角形理论说得对，仅有激情的爱不稳定，是迷恋之爱，欲火着得快，泄得也快。两人相爱前前后后不到一年，分手复合就搞了四次，这通折腾，感情也就淡了，但都渴望对方主动，“完美爱人”也不完美了，分。霍妮总结，这小子虚伪、自私又自大。

爱就爱两个　和恩斯特分手不久，霍妮在社交晚宴上终于遇到了完美情人——不过又是两个人：男一高大强健，致命肉体吸引，叫洛什；男二温文尔雅，知识广博有学问，叫奥斯卡。霍妮先是和洛什确立了关系，住一起；但和奥斯卡写信、述衷肠。身在洛营心在奥，不过，毕竟霍妮是有精神追求的，后来天平倾斜了。

嫁人又怨人　离开猛男洛什，霍妮小姐这回终于嫁人了，和奥斯卡结合，新婚很好。过不久，霍小姐又不满意了：这奥斯卡太温柔了，“即使在强迫我服从他的时候，他也从来不像野兽般野蛮、残酷”。她不开心，又在外面约别的男人。奥斯卡也没闲着，他也在外面搞，两口子养了三个女儿，但婚姻名存实亡。

离婚去远方　　婚姻出问题，霍妮开始找精神分析帮忙，后来喜欢上了也精通了其中的学问，学术地位增长了，外面男人也有了，对老公就更不满了。屋漏偏遭连夜雨，奥斯卡此时又破产，又生病。一日夫妻百日恩，他有病了快脱身。霍妮接受了美国的邀请，带着孩子离开老公，离开德国，咱们到美国去讨生活。

霍大姐情人多　　和奥斯卡离婚后，霍妮终生未再嫁。可到了美国花花世界，以霍大姐资深浪荡女的脾气，绝对不会闲着。虽然是三个花季少女的母亲，长得也不算漂亮，来美国已经四十七岁了，但霍妮身边始终不缺男人：她不停寻觅年轻健壮的猛男，诱惑、征服，连自己的学生也不放过。师德堪忧，防火防盗防霍妮。

天生有风情　　对于霍妮的女性魅力，爱与意志的大师罗洛·梅都服气，他后来回忆："她从未刻意卖弄风情，但魅力就散发出来。"霍大姐一发力根本停不下来，当然，大姐找的男人也不都是单纯看体力，也有高层次的，比如新精神分析的另一位杰出代表艾里希 · 弗洛姆（Erich Fromm，1900—1980），对，就是《爱的艺术》的作者，也被霍大姐顺利拿下。

就好这一口　　其实，也不见得霍妮魅力多大，但她有办法。有些小年轻比如实习的分析男医生想进入霍妮的研究所，要仰仗依赖她的权力和学识，霍妮就顺手收为情人。这特别有损霍妮的声誉，她时而偏袒情人，时而又与他们争吵，自己脾气又不好，这些严重扰乱了研究所的工作，后来自己的理论后继无人也与此相关。

情人弗洛姆　　和弗洛姆在一起，霍妮可不仅仅想着上床，人家弗洛姆也是响当当的人物，他的智慧和见解都对霍产生了重要影响：是他，鼓励霍将研究重点从女性转到神经症；是他，启发霍从社会文化角度解读人格；当然，还是他，成名之后让霍大姐伤透了心。分手后，霍妮出版了《自我分析》，据说就是为了疗伤。

大师弗洛姆　弗洛姆，德国人，是心理学史上为数不多的将心理学、哲学和社会学融合在一起的大师。他试图把重社会的马克思主义和重个体的弗洛伊德学说熔为一炉，来解释人心，解释纳粹，解释爱，视角很独特，很心理，很中国，还喜欢禅宗——不受欢迎，中国人不答应！

弗洛姆之家　弗洛姆出生在一个犹太家庭，家里的独生子，爸妈要孩子也比较晚，按理说应该父娇母宠，但心理学家的父母常常很奇葩，弗洛姆爸妈都高度神经质，爸爸脾气暴躁，喜怒无常，妈妈又是间歇性抑郁症，整天郁郁寡欢。这样的家庭，孩子不敏感脆弱都不行，所以独生子弗洛姆自小就孤独，就渴望爱。

恋母情结　弗洛姆受爷爷影响，有宗教气质，弗洛姆这个名字的意思就是“虔诚的”。可他爸爸是一个商人，卖酒的，商人重利，所以弗洛姆觉得有这样的爹丢死人了，太俗了，天天为钱活着。弗洛姆和妈妈关系怎样，史料不详，据说弗洛姆有恋母情结。这应该没冤枉他，首任老婆和情人霍大姐都大他十多岁，用现在的说法，弗洛姆是典型的“御姐控”。

思想根源　弗洛姆十二岁时，遇到一件事，有个漂亮女青年，该结婚的年纪不结婚，就和丧偶的老爸一起过。爸爸死后，她也自杀了，还写遗书说希望和爸爸合葬。这是为什么呢？爱琢磨的弗洛姆怎么也琢磨不明白，恋父如此咋回事啊。长大后，弗洛姆就迷上了弗洛伊德。另外，成长中恰逢第一次世界大战，社会太乱，所以他考虑问题常常加上社会因素。

习惯性插足　当然，大家更感兴趣弗洛姆是怎样和霍妮搞到一起的。其实，当时弗洛姆已经有合法配偶，虽然夫妻感情不好，但未正式离婚。霍妮插手别人家庭很有经验，第一次婚外情对象就是闺蜜的老公，然后还批评人家“令人失望”，自己却难以自拔。

霍弗姐弟恋　霍妮早年就认识弗洛姆两口子，1932 年离婚后，霍妮去美国芝加哥精神分析研究所当所长，知道弗洛姆有才，婚姻也不幸，第二年就邀请弗洛姆来美讲学。弗洛姆和老婆关系不好，又赶上闹纳粹，1934 年就定居美国当了美国人。这样，就开始了和霍妮的一段孽缘。

同行婚姻　弗洛姆的第一任老婆莱奇曼也是精神分析学家，圈内人，大弗洛姆十多岁。弗洛姆还曾是莱奇曼的精神分析对象，后来两个人就搞对象了。两个人还合作开了一个带精神分析治疗的疗养院，不过后来黄了。弗洛姆的精神分析有很多是从老婆那里学的，婚姻四年，1931 年就分手不住一起了，不过没正式办离婚手续。

大姐小弟　霍妮和弗洛姆的恋情一开始是大姐罩着小弟式的，邀请弗来美国，介绍点儿工作啥的。当然，小弟也投桃报李，当霍妮和传统精神分析闹翻后，弗洛姆坚定不移地站在霍大姐一边。霍也够义气，自己成立了美国精神分析研究所，来，小弗，到大姐这儿帮帮忙吧——研究所一成立就邀请弗洛姆任教了。

有缘无分　小弟也有终成大哥的那一天，眼看着弗洛姆越来越有才，影响越来越大，霍妮觉得自己的地位受到了威胁，两人感情出现了危机，她开始排挤弗洛姆。1943 年，在讨论弗洛姆能否给研究生上课时，霍大姐说你也没有博士学位，不行。弗洛姆一气之下，带着一批对霍妮不满的人离开了。十年恋情，缘尽至此。

纠结与作　“精分”豪放派“作女”霍妮的爱情路径：“理想化→期望→失望→抑郁→超脱”。同时，她认为情欲可分离：“真猛男享受性欲，知识男心灵交流，最好二者还能统一。”霍妮将自己对男性“不顾一切的需要”归咎于她不幸的童年，渴望爱，但又害怕爱，一旦征服便失去兴趣……反反复复，纵观霍大姐一生，就是纠结和“作”的一生。

第二任老婆　回头再说弗洛姆，和霍妮一分手，人家就找到好老婆了。弗洛姆和第二任老婆的关系很好，她对宗教、神秘思想之类的东西有兴趣，这直接影响了弗洛姆，后来弗专门写了本《禅宗与精神分析》来说这些事。不过，夫妻感情好，但老婆身体不好，患关节炎，为此，弗洛姆还搬了家。1952 年，老婆因病去世。

爱的艺术　次年，弗洛姆娶了最后一任老婆，两口子感情也不错。如果弗洛姆起早了，还会给老婆写点情话玩浪漫：“我美丽的爱人，因为爱你我会感到伤痛，但是这种伤痛是美好的。愿你在梦中能够感受得到。”——为了不仅让老婆感受到，让大众也感受到，弗洛姆写了《爱的艺术》，这本书被译成二十八种语言，世界畅销。

The Psychologists' Tales

中篇说了什么

冯特建立了一个学科，也树立了一个靶子，大家在反对冯特的声浪中纷纷建立了自己的学派。这其中，最有影响力的是精神分析、行为主义和人本主义，史称“三大势力”。

不同于冯特的实验心理，弗洛伊德开创的是临床心理学的传统。他从治疗的实践出发，创立了精神分析学派。他认为，像冯特那样切碎了意识分析没用，应该重点去探讨与意识相对的无意识、潜意识，认为意识与被抑制的潜意识之间的矛盾才是心理问题的根源，人的心理发展由童年经历所决定。

在精神分析派别上，人物关系还是比较简单的。首先就是弗洛伊德资格最老，他的经典精神分析思想影响最大。其次是荣格，他是弗洛伊德的学生，弗洛伊德很喜欢他，称之为精神分析的王储，不过后来两个人闹掰了。荣格单干，提出了集体无意识的学说，就是分析心理学。因为弗洛伊德更喜欢荣格，最后阿德勒也离开了弗洛伊德，创建了个体心理学派，但他们的观点都是属于精神分析学派的。

正当大家对意识究竟是怎么回事而争论得不可开交的时候，斜刺里杀出一位年轻人，说大家别吵了，心理学本就不应该研究没有科学根据的意识，研究的重点应该放在可以被观察和直接测量的行为上，你们的路都走错了。这个年轻人就是华生，他所倡导并形成的学派叫行为主义。行为主义主张以纯实验的方法研究心理学，而心理学的价值在于对行为的研究，而不是研究意识。

不过，华生的工作刚刚开始不久，他的心理学研究生涯就戛然而止了。原因也很另类：因为婚外情，搞了女学生。接受华生并将行为主义发扬光大的人是斯金纳。他没有作风问题，而且活得时间长，他的心理学成果从基础实验一直延展到社会应用，本身也多才多艺，所以成了后期行为主义最核心的代表人物。在行为主义现行的归类中，巴甫洛夫也是重要一环。不过行为主义的大本营在美国，巴甫洛夫生活在苏联，他对心理学不感冒，也不愿意掺和心理学的事，所以虽然观念相同，但在倡导行为主义方面，没有华生、斯金纳积极。

二十世纪五六十年代，精神分析和行为主义逐渐横扫心理学各大流派，有点“北少林、南武当”的势头，这时候人本主义悄悄兴起，形成了第三势力。在人本主义学派的观念中，不论是精神分析还是行为主义，对人的看法都太消极了。精神分析一解释，好像谁都变态似的，都有情结都有病；而行为主义，只着眼于行为，根本不关注灵魂深处，把人又当成了动物。人总有积极的一面嘛，所以人本主义心理学强调人的正面本质和价值，强调人的成长和发展。

人本主义的两个代表人物是马斯洛和罗杰斯。丑男人马斯洛心态“贼”阳光，他先是把需要分了类，产生了学界内外耳熟能详的需要层次论，而人的最高需要就是自我实现，这个需要一实现，那就是高峰体验，爽呆了。另一位代表人物罗杰斯虽然是咨询出身，但对来访者尊重得要命，拿出了顾客就是上帝的态度，形成了来访者中心的理念。

至于本篇中养各种小动物的行为，基本是机能主义和行为主义的传统；而霍妮和弗洛姆，属于从精神分析出发，最后融入了人本主义的人物。

总之，三大势力，精神分析，是悲情者的最喜；行为主义，是“科学控”的最爱；人本主义，是文艺青年的心头好。大家各取所需吧。

The Psychologists' Tales

下 篇

开拓时代：

从实验室到生活

☆☆☆

大神来了

Kurt Lewin
库尔特·勒温

1890—1947
9月9日

神在哪里：

社会心理学之父，培养和影响了诸多社会心理学的研究者，将物理数学的新概念引入心理学解释人心，场论、拓扑心理学的提出者。

何门何派：

格式塔心理学派

他说：

"好的理论最实用。"

短评：

心理学界好老师的代表，对学生友善，也影响和培育了大批的社会心理学研究者，形成了所谓的勒温传统。然而，他在美国的工作却并不顺意，就像一个"美漂"。在波林的《实验心理学史》中，他与弗洛伊德齐名。

Harry F. Harlow
哈利・哈洛

1905—1981
10月31日

神在哪里：

以“代理母亲”的研究载入史册，为后世的育儿理论与实践奠定了坚实的研究基础。

何门何派：

虽然是人本主义大师马斯洛的博导，但本人没啥明显的派别。

他说：

“如果我能以论文阐明人类的各种错误，由此拯救一百万个人类孩子的话，即便使用十几只猴子也并不为过。”

短评：

养老鼠得学位，养猴子得大名。马斯洛的博士导师，关于猴子“代理母亲”的实验给他赢得了声誉，但也给他带来了麻烦——醉酒、抑郁，研究心理学的过程也是一个心灵自我救赎的过程。

Stanley Milgram
斯坦利・米尔格拉姆

1933—1984
8月15日

神在哪里：

仅用两个研究就誉满天下：一是电击权威服从实验，二是六度分离理论。

何门何派：

搞社会心理学的，无门无派。

他说：

“你和任何一个陌生人之间所间隔的人不会超五个，也就是说，最多通过六个人你就能够认识任何一个陌生人。”

短评：

天才的研究，不羁的个性，纠结的人生，早逝的奇才。

Gordon W. Allport
戈登·奥尔波特

1897—1967
11月11日

神在哪里:

人格心理学大师，人格特质论的提出者，今天的大五人格、大七人格研究思路都是从奥尔波特那里来的。

何门何派:

不容于构造主义，反对精神分析，也不关注机能主义，还对实验心理不满，所以，自己搞了人格心理，无门无派。

他说:

“人格从来不是已经形成的东西，而是正在变成的东西。”

短评:

他多次谈及自己在弗洛伊德面前不受待见的事，年轻时的挫败让他耿耿于怀，创伤后终成长，让瞧不起的人看一看。

Leon Festinger
利昂·费斯廷格

1919—1989
5月8日

神在哪里:

认知失调理论深入人心，研究巧妙，解释力极强，终成社会心理学教皇。曾深入邪教内部进行研究。

何门何派:

勒温弟子，可以算新格式塔派的，但这个时候，门派已经不重要了。

他说:

“当地球灭亡的预言失败，教派的成员为缓解认知失调而会重整认知，接受新的预言：外星人已经因为他们而饶恕了这个星球。”

短评:

研究天才，爱好广泛，对心理学现状不满。啥都想试一试，然后分散了自己的精力。

神在哪里：

自己生孩子自己研究，用独特的研究方式，形成了自己独到的认知发展观，以最有名的儿童心理学家身份，影响了一批过去与现在的儿童发展研究者。

何门何派：

认知学派

他说：

“儿童的思维是在活动中、操作中形成和发展的。”

短评：

早慧的英才，自成一派儿童心理学大师，师生恋，自己的孩子自己研究。

Jean Piaget
让·皮亚杰

1896—1980
8月9日

Noam Chomsky
诺姆·乔姆斯基

1928—
12月7日

神在哪里：

年轻时因为反对斯金纳而一战成名，因语言学的研究而成为“当代认知科学之父”，著作等身，关心政治。

何门何派：

认知学派

他说：

“什么是真正地受过教育，得学会提问题才是。”

短评：

少年成名，语言大家，一篇文章干掉了行为主义学派，他对于斯金纳的批判就是行为主义衰落的标志。而且还是著名公知，关注现实，哪儿有事哪儿到，长寿老人。

Robert J. Sternberg
罗伯特・斯滕伯格

1949—
12月8日

神在哪里:

智力三元理论、爱情三角形理论的提出者，研究智力也研究人际关系。

何门何派:

他的时代，大家已经不分门派了。

他说:

"智力不应仅仅与学校中的成功有关，而更应同生活里的成功紧密联系。"

短评:

小时候智力测验成绩差，长大了就研究智力；谈恋爱不顺利，就开始研究爱情。从生活中来，到生活中去。

Morita Shoma
森田正马

1874—1938
1月18日

神在哪里:

上了心理学史的日本人，先自医，后医人，自成一派，形成了带有东方色彩的森田疗法。

何门何派:

独创疗法，无门无派。

他说:

"顺应自然地接受自己的情绪，以应当做的为目的去行动。"

短评:

神经质的知识分子，放下自我，找到了治疗神经症的良方。自医医人。

神在哪里：

他提出的 ABC 理论，是一个容易理解也容易操作的心理咨询技术，深受国人喜爱。

何门何派：

认知疗法

他说：

“你的烦恼，不是源于你的遭遇，而是源于你对世界的看法。”

短评：

从社交恐惧到辩论天才，太能说了，他的治疗基本是和对方辩论，然后把对方说没电了，不得不服。

Albert Ellis
阿尔伯特·埃利斯

1913—2007
9月27日

Rollo May
罗洛·梅

1909—1994
4 月 21 日

神在哪里：

美国存在心理学之父，把欧洲的存在主义哲学拉入美国的心理学，他的《爱与意志》是风靡世界的心理学专著。

何门何派：

人本主义心理学派

他说：

“冷漠在我们看来尤其重要，因为它与爱和意志关系密切。恨并非爱的对立面，冷漠才是。”

短评：

童年不幸，婚姻不幸，身体不好，投身心理学，又一自医医人的典范。

Erik H. Erikson
埃里克·埃里克森

1902—1994
6月15日

神在哪里:
创造性地将弗洛伊德的人格发展论与社会背景结合，形成人生发展八阶段论，虽然观点很哲学，但越来越多的研究证明了其阶段划分的合理性。青少年同一性危机理论的提出者。

何门何派:
新精神分析学派

他说:
“人的一生有八个阶段，只有解决好每个阶段中的矛盾，才能发展出健全的人格。”

短评:
没受过正规大学教育，却教育了诸多大学的人。忠实于弗洛伊德，又超越了弗洛伊德。没见过父亲，一辈子在寻找自我的人。

神在哪里:
学界不感冒，现实受欢迎的家庭治疗大师。

何门何派:
理论和精神分析有关，但不属于学界人物。

她说:
“一个人和他的原生家庭有着千丝万缕的联系，这种联系有可能影响他的一生。”

短评:
讨好型人格、原生家庭、热力、希望与爱……创造了很多流行词，很流行但不一定很科学的治疗师。

Virginia Satir
维吉尼亚·萨提亚

1916—1988
6月26日

David L. Rosenhan
戴维·罗森汉

1929—2012
11月22日

神在哪里：

砸场子的心理学家，一个实验就推翻了精神病诊断的神话。“标签效应”的创始人。

何门何派：

无门无派

他说：

“很明显，我们不能在精神病院里清晰判别出一个人是否神志清醒。”

短评：

如何证明自己不是精神病？从罗森汉的实验中我们看到了绝望，现实中无法飞越疯人院。

Robert Owen
罗伯特·欧文

1771—1858
5月14日

神在哪里：

企业老板，空想社会主义大师。第一次把工人当人看，改造企业成功，改造社会未果。幼儿园、俱乐部、夜总会都发端于欧文的温情管理。

何门何派：

管理人重实践，不谈门派，应该属于环境决定论者。

他说：

“好的环境可以使人形成良好的品行，坏的环境则使人形成不好的品行。”

短评：

穷人的孩子早当家，从小老板干成大老板，从大老板干成思想家。事业未成，思想流传。

Frederick W. Taylor
弗雷德里克 · 泰勒

1856—1915
3月20日

神在哪里：

科学管理之父，把管理做成了一门科学，也做成了一门生意，史上第一位管理咨询师。

何门何派：

管理人重实践，不谈门派。

他说：

“如果你不能测量它，你就不可能管理它。”

短评：

眼神不好爱思考，工作努力能总结，天生侃爷善忽悠。

神在哪里：

把心理学对个人问题的诊断范式引入企业，临床管理学家第一人。以人际关系学说的管理思想著称于世。

何门何派：

管理人重实践，不谈门派。

他说：

“一个人是不是全心全意地为组织提供服务，在很大程度上取决于他对他的工作、对工作同伴和上级的感觉。”

短评：

秃头大忽悠，天生演说家，能把做错的实验说圆了，能把没做的事说得尽人皆知。

George Elton Mayo
乔治 · 埃尔顿 · 梅奥

1880—1949
12月26日

第6章

06 人生难题找他们

好老师表率勒温

库尔特·勒温，现代社会心理学、组织心理学和应用心理学的创始人，江湖号称“社会心理学之父”。虽然成就斐然，但勒温是个习惯慢悠悠生活、办事拖拉的人，用今天的话讲就“拖延症患者”。有意思的是，勒温用这个特点来衡量友谊和爱情，允许我拖延的，就是好哥们儿；不怕我拖延的，才是好老婆。

吉利数字 勒温一生好像是三九胃泰赞助的。他在1890年9月9日出生，好吉利的数字，三个九，后来他也吹嘘这个“三九日子”，说是“九十的第九个九”。1916年，二十六岁获博士学位，次年娶了个女教师做老婆，生了两个孩子；大约九年后，1926 年，三十六岁评上了教授，次年离婚。

慢性子　　勒温的成长环境是一个小康之家，他们家一楼是杂货店，二楼住家人，还带一个小农场。勒温妈是典型的贤妻良母，相夫教子，孩子四个，勒温排老二。他有个弟弟爱玩，常常因为打球晚归，但妈妈从来不训人，不管弟弟回来多晚，母亲总会耐心等待。因而勒温也养成了生活拖拉的慢性子习惯。

场论　　1914 年 9 月本来是勒温博士毕业的日子，在此之前，他也只是个抱着吉他玩潇洒、讨论学问做研究的少年，但 8 月德国卷入第一次世界大战，勒温应征入伍上战场了。打仗不是玩的，勒温扛着枪，负了伤，还得了奖章。同时，战争的残酷也让他看到了环境对于人的影响，战场，战场，勒温的“场论”思想就逐步形成了——其实主要是受了物理“场论”的影响。

美漂　　勒温获博士学位后在柏林大学心理学研究所工作，和苛勒、考夫卡、韦特海默都是同事，这三个人搞了个学派叫格式塔。勒温借力打力，利用格式塔的思想来研究社会和儿童心理学，渐渐搞出了名堂，在国际上小有名气。希特勒上台后，对犹太人进行各种迫害，间接为美国输送了不少心理学人才。勒温是犹太人，没办法，就移民美国混生活了。

异乡人　　勒温在美国的经历其实并不顺畅，他立足现实的研究兴趣与当时主流的心理学有所区别；写的拓扑心理学著作大家看不懂；在康奈尔教书的时候赶上经济大萧条，任职两年人家没续聘；想对犹太人的问题进行研究又找不到资助；后来想离开美国去以色列的希伯来大学，但遭到弗洛伊德的强烈反对。啥事都插一杠子的弗洛伊德说：“完成精神分析和（学院）心理学相结合这项任务，他（勒温）不合适。”

拓扑心理学

拓扑心理学是格式塔心理学的一个分支，由德国心理学家勒温所创立。勒温以数学的逻辑，借鉴拓扑学及向量学，认为行为可以表示为人和环境的参数，行为随人与环境的变化而变化。勒温认为可以用拓扑学的图形来描述心理生活空间，从而在特定时刻能表明个体的一切可能有的目标和达到这些目标的所有道路，同时借鉴向量学的向量分析来描述心理事件的动力关系及方向性。

漂在美国　德国闹纳粹，勒温有家不能回，想去希伯来大学又让弗洛伊德搅黄了，在美国虽然有些不顺，还得继续混。后来，勒温在艾奥瓦大学儿童福利研究站找到一个职位，再后来，又得到了洛克菲勒基金会的资金支持，他在美国才稳定下来。虽然身后倍享赞誉，但生前，始终是美国心理学的一个局外人。命。

德式英语　勒温初到美国，英文不大好，讲课时不仅德国口音重，同时常常滥用、误用口语用词，有时学生和他都觉得滑稽，这反倒很特别，成了他独特的风格。他表达不同意时会说：“可以，但我认为绝对不行！”（Can be, but I think absolute ozzer！）同学们争相传扬，遂成流行语，风靡一时。

大家一起吹　勒温生性随和宽容，不管到哪里，都能组织一伙人来侃大山。他曾搞了个被学生戏称为“吹牛俱乐部”（the Hot-Air club）的非正式论坛，有啥研究想法大家一起喷，如果学生有好点子，勒温可以放下手头工作，这个好，咱们就玩这个，关于民主、专制、放任这三种不同领导类型的理论就是这样吹牛吹出来的。

别人的导师　吹牛俱乐部一开张，勒温带学生的方式用今天的话讲，那就是“别人的导师”。他们常在咖啡馆讨论问题。咖啡馆的规矩是先点各种饮料点心，最后统一买单。店里的侍应生很神奇，不用看单就能报出各人消费。不过，有一次勒温付账之后没走，等了一会儿又叫来侍应生问：“我刚才消费多少啊？”这下他记不住了。为啥呢？由此引来了一个大发现。

蔡加尼克效应　为什么侍者买单后就记不住账目了？勒温认为要完成工作使人产生“心理张力”，工作完成，张力没了，就记不住了。他的一个女博士做实验证明了心理张力的存在，让人做题，一些人做完，一些人没做完叫停，然后回忆题目，没完成的回忆更好。这种没做完记得更牢的现象叫蔡加尼克效应。为啥呢？后来人说：得不到的永远在骚动，得到的有恃无恐。

蔡加尼克　之所以叫蔡加尼克效应，是因为蔡加尼克（Zeigarnik）是勒温的一个女博士的名字，这是一个苏联姑娘。导师的思想，学生的实验，然后效应以学生的名字命名了，可见勒温老师的好。蔡加尼克其实是她老公的姓，她十八岁就结了婚，然后才读的博士，蔡加尼克效应一出来，博士学位也拿到了。本来能有更好的学术发展，但女博士毅然决然回苏联建设祖国，然后就没有然后了。

勒温之道　蔡加尼克效应牛在哪儿？这是勒温思想的第一个实验证据，为以后用实验方法研究人格与心理环境的结构与动力奠定了基础。现在的实验社会心理学研究，强调人与环境的关系、行为发生的整体环境，基本是勒温的路子。1929 年国际心理学大会上，做主题发言的只有两人：一个是勒温，另一个是巴甫洛夫。

越难得越珍惜　再讲一个勒温当年在师生“吹牛俱乐部”侃出来的研究，他发现，餐厅里，人们常常越过柜台前面的薄饼而取后面的。学生的实验也证实薄饼越难以够到，似乎就越具有吸引力。勒温认为，达到目标时所付出的努力会影响其正效价的强度。越难得到，越觉得好——你知道为什么越来越多的人考心理学研究生了吧？主要是越来越不好考。

吃内脏　勒温的另一个著名实验，说的是要说服美国妇女用动物内脏做菜，用哪种方法去说明更有效。有的实验者采用专家讲课的方式，直接告诉大家内脏可以吃；有的采用讨论实践的方式，大家一起议论吃内脏的必要性之类的，结果发现后者更有效。

言论之一　勒温有句名言：“好理论最实际。”——心理学就得面向社会生活，别跟我玩虚的。

言论之二　勒温还说过一句有些偏激的话是：“不要读心理学的书，要读哲学、历史、科学、诗歌、小说、传记，那些才是你会获得思想的地方。在这一点上，心理学将扼杀你的想象力。”

——是不是勒温讨厌心理学？当然不是。这句话是勒温对心理学专业学生的建议：心理学学生不要只读专业书，应该多有所涉猎，这和他对当时的心理学离生活太远的不满有关系。所以这句话不是建议后来者不读心理学书，任何名家的话成立也都需要条件，大家不要误解。

徒子徒孙　虽然生前在美国混得并不太好，但勒温对心理学，尤其是社会心理学的影响有目共睹。有人调查了社会心理学界被引用次数最多的心理学家，前十位中有八位与勒温有关，这些人或是他的徒子徒孙，或是他的

社会心理学之父很社会，聊天聊出好研究

同事好友，包括阿伦森啊，达利啊，费斯廷格啊，沙赫特啊，津巴多啊……

别人的导师　作为“别人的导师”，勒温业内闻名。有年轻后生想跟苛勒学格式塔心理学，苛勒说你去哈佛读吧。在哈佛读了一年，年轻人非常失望，这不是我想要的心理学啊，又去找苛勒。苛勒说，要不你去艾奥瓦找勒温吧，我兄弟，人和研究都不错，年轻人参加了几次勒温的“吹牛俱乐部”，啊，心理学这么有意思啊，后来就跟勒温混了。

传承　勒温的“吹牛俱乐部”传统，也被徒子徒孙继承下来，斯坦福大学的费斯廷格（认知失调论提出者）和明尼苏达大学的沙赫特（情绪双因素理论提出者），都有模有样地学老师搞非正式团体聚会，有研究设想大家一起来喷。

情绪双因素理论

这一理论认为对于特定情绪而言，有两个因素是必不可少的：个体必须体验到高度的生理唤醒，以及对该生理状态的认知性唤醒。情绪双因素的工作系统成为情绪唤醒模型，包含三个亚系统：对环境输入信息的知觉分析；长期生活经验中建立起来的对外部影响的内部模式；以及认知比较器，用于比较过去经验的认知加工结果与现实情景的知觉分析结果。

纪念　费斯廷格是勒温的得意门生，勒温是“社会心理学之父”，费斯廷格成名后的江湖绰号是“社会心理学教皇”。费不仅因参与勒温的研究团队走上了社会心理学的研究道路，其学术观点和理念也带有鲜明的“勒温派”风格。——库尔特·勒温对费斯廷格的影响实在够大，后来费斯廷格将自己的一个儿子取名为库尔特。

齐名　波林在《实验心理学史》中说："弗洛伊德为一临床医生，勒温为一实验家，他们二人常被人所怀念，正是因为他们的观察力。两人相辅相成，初次使心理学成为可以同时适用于真实的个人和真实的社会的一门科学。"同时，勒温人缘也好，波林说："凡与勒温有深交者，都无不极端敬仰他的才华。"

目标　勒温的目标，是要建立一种可以解决社会问题、造福人类社会的科学心理学，不过其生前没能获得提倡科学的美国心理协会官方认可，辗转各大学，始终未获终身教授。他死后，人们设立了"勒温奖"，以鼓励社会心理学研究中有成效的学者。前两届的得主分别是新行为主义代表托尔曼和研究人格的奥尔波特，在得奖的会上，这两人把勒温一顿猛夸。

勒温传统　当代社会心理学受三大思想传统影响：精神分析、行为主义和勒温传统。勒温传统重点：①以实验为证据；②面向社会生活；③强调社会认知；④抛弃派别之争，兼容并包。勒温之后，弟子们也开始分裂了，有的强调实验严谨，有的强调面向实践。前者如费斯廷格，后者留名甚少，因为都搞社会培训去了。

爱的研究者哈洛

他是一位伟大的研究者，同时也是一个著名的嗜酒之徒，一名抑郁症患者；他的研究设计很疯狂、很残忍，但研究的目的是探讨爱；他研究爱但又爱得失败，关注亲子依恋，对自己的孩子却不闻不问……他是人本主义大师马斯洛的导师，也是史上著名疯狂实验的实施者，他是哈利·哈洛。

成名作　哈洛给猴子做了两个假母亲，一个毛茸茸，一个冷冰冰。毛茸茸的有软泡沫，外面覆盖着羊毛软垫，但没奶。冷冰冰的由铁丝制作，但胸部有管子，可喝奶。猴子会爱哪位“代理母亲”？结果发现猴子会去冷冰冰的妈妈那里喝奶，但喝完奶后便立即黏着毛茸茸的妈妈。——哈洛矫正了传统的“有奶便是娘”的认知，孩子要喝奶，但更需要母亲温暖的怀抱。爱他就要抱抱他。

改名转运　哈洛原名哈利・伊斯雷尔（Harry F. Israel），生性内向，一生中多次抑郁症发作。虽然在斯坦福读书，但名校学生个个能言会道，拙于言辞的哈洛很自卑，便跟老师讨论解决之道。老师掐算了一下他的生辰八字，最后说，你命里缺水，把姓改掉吧，叫以色列[①]太怪了。后来，就改名叫哈洛了。——改名是真，缺水是假。

从鼠到猴　哈洛是斯坦福大学博士，其论文研究的是老鼠；毕业后到了威斯康星大学工作，没想到学校给他安排了好多课不算，还没有老鼠养。没办法，高校“青椒”资源有限，就和自己的研究生马斯洛，对，就是那个人本主义的马斯洛一起，到动物园养了几只猴。猴的数量太少，没办法大样本和对比组，那就观察吧。爱的研究开始了。具体过程见下面几则故事。

鼠熏系主任　哈洛以研究猴子著称于世，但他的博士论文其实研究的是老鼠。后续工作想接着搞，然而学校给新教师的实验室太小，老鼠笼子绊脚；后来学校给了大楼顶层的两间房，又酷热难耐，老鼠和人都受不了；后来又换到了地下室，但通风不良，楼上是系主任的办公室，这回老鼠受得了，系主任受不了了——别养了别养了！

---

① 姓氏伊斯雷尔的英文和以色列的英文写法相同。——编者注

小猫跑得快 哈洛老鼠养不成，就养猫。按照巴甫洛夫那一套，把猫放在带电线的篮子里，先摇铃，后通电，猫被电得往外跳。一段时间后，条件反射终于成功了，一摇铃猫就跳出来了。不过，因为实验太成功，这只猫头也不回就跑出了门外，于是心理学家哈洛带着学生，满大街追猫。

傻傻小青蛙 哈洛养猫不成养青蛙，还是按照巴甫洛夫那套，先摇铃，再电青蛙。不过青蛙太笨了，铃声与电击组合多次，条件反射始终没有形成，青蛙意志坚定，不电就是不跳。哈洛很郁闷，和朋友打扑克，一牌友说，要不你去动物园看看大猴吧——从此，哈洛便开始看猴、养猴、虐猴、研究猴了。

研究缘起 历史上精神分析与行为主义简直就是水火不容，但在吃奶的问题上有共识，均认为孩子恋妈，是因为有奶喝。弗洛伊德认为婴儿的力比多最早由乳房所满足，行为主义认为乳房是婴儿的初级强化物。通俗点说，两者都赞同“有奶便是娘”。哈洛说，你们都扯，孩子要的不仅仅是奶，这就是哈洛关于“代理母亲”研究的缘起。

华生养孩子 当时占据主流的行为主义者华生认为，孩子哭的时候不要去抱他，表现好就拍拍他的脑门，或者握握手，孩子一出生就应该逼着他们自立。“接受过多亲吻的孩子，其人生之路必将有大的磕绊”“在忍不住想抱抱孩子的时候，请切记母爱是一种有害的东西”——后来，华生的两个儿子都有抑郁症，所以，大家对华生那套育儿法要小心了。

养猴太费钱 总去公园看猴当然不如自己养猴，不过哈洛刚当老师资源有限，又内向不想求人，就决定自己动手，丰衣足食。他和学生一起把一座废弃的建筑改造成了实验室，开始研究猴子。买猴子成本高，现在国内市场价，一只实验常用的恒河猴在六千到一万元之间。由于猴子贵又常常生病，于是哈洛便自己配种养育猴子，实验室比较拥挤，为防止小猴刚生下来之后交叉感染，便隔离人工饲养——猴子代理母亲的实验就滥觞于此。

变态猴恋物癖　哈洛最初的目的是研究猴子的思维，调配出了许多营养配餐，猴子也养得又高又壮，不过单独饲养的小猴被带到猴群中去时，显得惊慌失措，智商情商都低。有的猴子还养成了“变态”的小习性，如抓住一块尿布不放。难道柔软的尿布是妈妈的替代物，难道猴子天生有被拥抱的欲望？——问题来了就研究，还真这样。

母子分离　哈洛的实验要把刚生下来的小猴母子分离，当母猴发现小猴不见的时候，一边尖叫，一边用头撞击笼子；小猴见不到母亲，也发出吱吱的叫声，焦躁恐惧，屁滚尿流。几天后，当小猴知道母亲不会出现的时候，他就开始对毛茸茸的类似母亲怀抱的布之类的东西感兴趣了——爱源于接触，而非食物。

人造强奸案　哈洛的那些缺乏母爱的猴子逐渐长大，他们不会嬉戏，也不会交配。青春期来了，但不会搞对象。童年有创伤的猴子会成为什么样的母亲？哈洛把经验丰富的公猴放进来交配，这些幼年失去母亲的猴子拼命抵抗，抓伤了公猴。为了让母猴怀孕，哈洛发明了“强暴架”，霸王硬上弓，产下幼崽。

恶母生成　那些幼年失去母亲的猴子在强暴架上受孕，也成了母亲。但这些母亲的表现令人担心，她们有些杀死了幼猴，有些对孩子漠不关心，当然，也有一些表现还算正常。哈洛的实验，促进了动物保护运动的兴起，每年都有人在他的猿猴研究中心前抗议。残酷的实验，温情的结论。

铁娘子 孩子遇到恶毒的母亲会怎样？哈洛又为小猴子设计了一个“铁娘子”母亲，这些假的母亲会突然喷出钉子，或喷出冷气，或喷出凉水，小猴子无力抵挡，被抛在栏杆上无助哀号。不管受到怎样的残酷对待，小猴子依然毫不迟疑投身母亲的怀抱——孩子对母亲的爱如此顽强，即使遍体鳞伤！

酗酒 从个人角度讲，研究猴子的哈洛本身的亲子关系就比较冷淡，自小缺乏母爱，这或许是他进行依恋研究的深层原因。当进行过猴子依恋实验之后，他便开始向公众宣传，爱在于抚慰，亲生母亲的养育可由代理母亲代替。——不过，后来发现，由毛茸茸的假母亲带大的猴子出现了自闭的倾向，哈洛开始酗酒了，常常喝得烂醉如泥。

给学生自由 虽然天天喝，人家也是博导了。哈洛对带的第一个博士要求也不多，一年也见不了几面，让他自己琢磨猴去。结果这个博士很争气，给的自由多，最后成果也多，因为他就是后来大名鼎鼎的马斯洛，提出需要层次理论的那个。所以，不一定严师出高徒，还是不拘一格降人才呀。

绝望之井 哈洛晚年的时候，因为自身的抑郁症，开始研究猴子的抑郁状态。他搞了一间黑屋子，将猴子倒吊在里面长达两年，无法移动也看不见外界，只能从底部的一个容器中得到食物。哈洛称之为“绝望之井”。经过绝望之井的洗礼，里面的猴子都精神崩溃了，呈现近似人类的抑郁症状，哈洛尝试利用药物或者集体生活对猴子进行治疗，但效果一般。再后来，哈洛患上了帕金森病。

心理平衡了　对猴子犯下的累累“罪行”，哈洛可曾忏悔？不，哈洛还是为自己找到了心理平衡点，他曾对一名记者说：“您可以考虑一下，每只遭受虐待的猴子大概对应着现实中一百万个受虐待的孩子。如果我能以论文阐明人类的各种错误，由此拯救一百万个人类孩子的话，即便使用十几只猴子也并不为过。”

亲人之爱　哈洛关心母亲的爱，但对自己的孩子表现出爱的缺乏，和第一任妻子离婚的时候，孩子跟了母亲，因为他平时也没怎么照料。他六十六岁时，第二任妻子死于癌症。八个月后，他与前妻复婚。

影响力大师米尔格拉姆

在心理学界，他始终是非主流的心理学家。他师出名门，是著名人格心理学家奥尔波特的学生，博士跟的是从众实验的设计者阿希；他做的研究迥异于众人，争议颇大，发表的文章层次也不高，但影响深远，成为学科经典。他拥有短暂但精彩的一生：二十八岁的研究名满天下；三十一岁做教授；三十八岁患心脏病；五十一岁发病，人生谢幕。他就是斯坦利·米尔格拉姆。

难敌“高富帅”　搞电击实验的那个米尔格拉姆与搞监狱实验的那个菲利普·津巴多是中学同学，当时的米尔格拉姆更聪明一些，智商 158，全校第一；但津巴多的人缘更好，深受女孩子喜欢。草根遭遇男神，怎么看都不可爱。毕业留言的时候，米尔格拉姆酸酸地祝福，“菲尔副主席高又瘦，蓝眼睛征服女孩心”。

毒品研究　米尔格拉姆是心理学界的奇才和怪才，生活也带有桀骜不驯的样子，为了寻找灵感，偶尔还吸个粉，曾经申请过一个关于毒品和美学判断的课题，不过没批。最后，不管批不批，自己根据爱好小小研究实践了一下，发现服药之后，投飞镖更准了，不过这只能是个案研究，没有大样本验证。

博士论文　米尔格拉姆的博士论文选题方向来源于阿希，后者是从众研究的翘楚，就是折腾三条线段那位。米尔格拉姆最后的服从研究根源也可以追溯到从众研究。阿希指导老米博士论文的时候，曾邀请他帮忙编一本从众的书，给的钱不少，老米就答应了。活干得挺累也挺好，出版署名的时候老米觉得，阿希老师应该在扉页上对他有所表示，但阿希拒绝了。老米很郁闷，常坐马路牙子上望天空……

从众实验　社会心理学家阿希在实验中，让一位真被试与另外一些人（实际上是实验者的助手）一起坐在桌旁，实验者向他们呈现三条长短不一的线段，并要求他们判断哪一条和另一幅画中的标准线段一样长。每个人轮流大声说出自己的判断，而被试在倒数第二个位置上。在大多数试次里，每个人都说出同样的正确回答。但在几次预先确定的关键试次中，实验者预先告诉助手说出错误的答案。结果发现，即使正确答案十分明显，但在关键试次中，被试迎合团体的意见平均达 32%，有 74% 的被试至少有一次从众——大家都这样，就你不这样，显得你与众不同啊！

电击服从实验　下面说说米尔格拉姆那个骇人听闻的服从实验。研究者以记忆实验为名召集了一群被试，让其扮演老师，给学生出题。如果学生犯错误，教师要给他实施电击给予惩罚。电压范围从三十伏一直到四百五十伏，当然按常理，三十伏电压让人一哆嗦，四百五十伏电压对方一定是死翘翘了。然而，实验的结果令人惊讶：在实验者的指挥下，约六成的被试在扮演老师的时候，将惩罚的电压加到了四百五十伏。换言之，实验结果告诉我们：大部分平时温良恭俭让的良好市民在别人的指挥下是可以杀人的！

当然，虽然标记了四百五十伏电压但实质上仪器并没有通电，实验中的学生本身是研究者的助手，他被电击后的逼真惨叫都是事先经过了米尔格拉姆的导演的。

名篇的遭遇　　在服从实验中，米尔格拉姆要求被试对另外一个人实施四百五十伏的电击，超过60%的人遵照执行了。由于实验太过“血腥”，论文一投稿便被退回了；成功发表后又遭到多人攻击；米尔格拉姆申请加入美国心理协会遭搁置；又被耶鲁、哈佛两所名校解聘……不过，现在这一研究已经成为心理学的经典，那一年他二十八岁。

伦理问题　　米尔格拉姆的服从实验影响很大，同时也激起了研究伦理上的争论。反对者说，这项实验对参与者施加了极度强烈的情感压力，可能会对被试心灵造成巨大伤害。米尔格拉姆则不服，对实验被试做了调查，说当时的参与者中，有84%称他们感觉“高兴”或“非常高兴”参与了这项实验，15%的参与者选择中立态度，许多人事后还向米尔格拉姆表达谢意。而且米尔格拉姆不断接到这些前参与者想要再次协助他进行实验的消息，有的人甚至想加入他的研究团队——人家就是爱受老米骗，你能咋的？

被试心声　　“那一年当我在进行实验时，虽然我相信我是在伤害某个人，但我完全不晓得我为什么要这样做。当人们根据他们自己所信仰的事物并顺从地服从权力者行动时，很少人会意识到这点……请允许我这样认为，我正屈从于权力要求做出一些连我自己都会害怕的坏事……要不是我是一个

‘因良知反对兵役者’，我已经准备好去坐牢了，这对我的良心而言是唯一的选择。我唯一的希望，是我那些同样被征召的伙伴也能按照自己的良心行事……”——一位实验参与者事后采访时说

惯骗　米尔格拉姆做了电击服从实验后，声名鹊起，因为社会心理学实验前半部分往往伴随欺骗，所以他也是典型的演戏和骗人高手，别人不知不觉就做了他的被试，大家都知道。一天上课，他进屋就喊：“大新闻，太可怕了，总统死了。”学生的反应是：“拉倒吧，别再涮我们了！”——其实这次老米没有撒谎，那天美国总统肯尼迪遇刺身亡。

六度分离理论　有研究者招募了三百名被试，要他们把一封信邮到事先指定的股票经济人手中。由于对方是陌生人，信件不能直达，研究者让被试把信寄给最有可能与目标人物有联系的亲人或朋友，再转寄以完成任务。实验发现，六十多人把信寄到了收信人手中，平均所需要的中间人为五个。——这就是六度分离理论的由来，也是米尔格拉姆研究出来的。

终身教授　在美国当大学教师，如果成为终身教授的话就爽死了。米尔格拉姆在哈佛执教的时候也盼着解决职称问题，但他的电击服从实验争议太多，许多老专家不同意，就拖啊拖的，一直不能解决。最后，有名额了，但把终身教授的名头给了罗森塔尔，哦，就是搞自我预言效应那个，老米郁闷死了。

自我预言效应　罗森塔尔是个心理学家，选出一群小朋友然后骗老师说他们是最聪明的，结果小朋友真的聪明起来了，这说明老师的期待可以改变人。这个效应就是罗森塔尔效应，又称教师期望效应，还叫自我实现的预言效应或皮格马利翁效应。皮格马利翁说的则是一个国王，他爱上了美女雕

像，后来雕像复活了，深刻阐明了阿 Q 所说的“我欢喜谁就是谁”的道理。总之，这个绰号最多的效应的研究者罗森塔尔，在哈佛大学，抢了米尔格拉姆的终身教授名额。

拍电影　此处不留爷，自有留爷处。哈佛终身教授得不到，米尔格拉姆就离开伤心地，去了纽约市立大学。这里条件不错，大实验室大经费，但也可能是因在哈佛受伤太深，老米后来的专业研究不多，天资聪慧的他爱上了拍电影，将许多社会心理学的内容拍成了电影，自称“教授及电影工作者”。人生如戏，戏如人生。

一语成谶　米尔格拉姆的父亲五十一岁的时候，心脏病发作离世。虽然平时身体很好，但一结婚他就对老婆说，他太像自己父亲了，也活不过五十一岁，他老婆说，别瞎扯，看你身体多好啊。——一辈子恃才放旷，声色犬马，尽情享乐，后来死于心脏病，享年五十一岁。

The
Psychologists'
Tales

歪 史

封神小记

心理学家在封神之路上有哪些有趣往事？有天赋的往往能够凭借自己的才华冲出重围；而资质平平的或突破天性完成自我救赎，或另辟蹊径终夺桂冠。不论他们做何选择，执着是不变的主题，这也是我们可以学习的心理学大神精神。

“另类”奥尔波特

铁钦纳不待见　　人格心理学大师戈登·奥尔波特当年念博士的时候，去参加学霸铁钦纳的实验主义者大会。连续讨论了两天的感觉话题之后，老铁让在场的研究生每个人用三分钟谈谈自己的研究，奥尔波特就谈了自己的“关于人格特质的实验研究”，老铁冷冷瞟了一眼小奥，沉默了很长时间，说：“我们刚才说，色彩表现的模式是……”

——铁是构造主义学派领军人物，提倡研究感觉之类的硬科学，瞧不起研究人格的。

遇冷弗洛伊德　奥尔波特年轻的时候去维也纳玩，因为好奇去拜访弗洛伊德。弗爷见了他，但不说话，场面很尴尬。奥尔波特没话找话，和弗爷聊起路上看到的一个小男孩，小男孩很怕脏，他认为原因在于刻板而有控制欲的母亲。弗爷的反应：“那个小男孩就是你吧？！”——这是两人唯一的一次见面。

玩个新鲜的　奥尔波特见弗洛伊德之前，本来已经决定做心理学家了，也读了弗爷的著作，本来是年轻人拜访牛人，想得到“权威的祝福”，不过遭到了羞辱。既然当时学界的两大元老——结构主义的铁钦纳和精神分析的弗洛伊德都不喜欢自己，就不陪他们玩了，奥尔波特后来的研究就既不同于铁钦纳也反对弗洛伊德了，然后，一代人格心理学大师诞生了。

“教皇”费斯廷格

文人相轻　社会心理学家阿伦森的本科导师是人本主义大师马斯洛，博士导师是社会认知学家利昂·费斯廷格。当阿伦森和自己的博士导师提到本科导师马斯洛时，费斯廷格一脸不屑：“马斯洛？那家伙的观点烂得不值一提。”马斯洛在兰迪斯大学教书，人家费斯廷格是斯坦福大学教授。

成就 “他有着令人称奇的智慧人生，广泛地探索那些无人涉猎的领域和研究课题。他在生平涉及的任何一个领域都有不凡的成就。他曾被比作心理学界的毕加索、凡·高，甚至爱因斯坦，心理学界曾因他而面貌一新。”——这是心理学家沙赫特夸费斯廷格的话。前者提出了情绪的双因素理论，后者提出了认知失调理论。

认知失调理论

认知失调理论是费斯廷格于1957年首次提出来的，他认为任何时间只要个人发现有两个认知彼此不能协调一致时，就会感觉到心理冲突，因冲突而引起的紧张不安，转而形成一种内在的动机，促使个人放弃或改变认知之一，而迁就另一认知，借以消除冲突，恢复协调一致的心理状态。

爱好广泛 费斯廷格因认知失调理论的研究而声名鹊起。不过，后来玩腻了，放弃社会心理学，建立了一个感知觉实验室，进行生理实验研究；之后又玩腻了，开始了考古学和人类学的研究；然后又玩腻了，开始研究宗教文化……后来，成果还没发表呢，老先生去世了。

粉丝 阅遍心理学史，我崇拜两个人，一是斯金纳，二是费斯廷格。斯金纳的操作行为主义，从理论、基础研究一直做到应用，无人能出其右，所以百年心理学史，影响排名首位。费斯廷格虽然后来不愿意玩心理学了，但其认知失调论，解释了太多匪夷所思的社会现象，解释力非常强，不服不行。

阅读资料 阿伦森在自己的传记《绝非偶然》中说了一个故事：当时他不知道是否要选修费斯廷格的课程，于是亲自来向费斯廷格询问有什么资料可供阅读，费斯廷格交给了他尚未出版新书的唯一手写复印本。晚上阿伦森随手翻阅时，便被书稿紧紧吸引住了，等回过神来已是凌晨三点钟，阿伦森回忆说从没读过如此精彩的心理学著作。

态度改变　费斯廷格的一项研究很有趣，他设计了三种情境：一是邀请白人黑人一起玩牌；二是让白人黑人一起看人玩牌；三是双方共处一室，不组织任何活动。问哪组白人会对黑人展现出最好的态度，答一起玩牌的。——这说明，活动对于态度的转变有重要影响，所以只要能邀请异性出门，机会就来了。

皮亚杰“虐童”

出身　儿童心理学家让·皮亚杰出身知识分子之家，爸爸是大学教授，一丝不苟，理性挑剔；母亲是虔诚的教徒，非理性，神经质。和弗洛伊德一样，小皮的爸妈也是老夫少妻（差七岁），所以小皮也聪明，十岁就鼓捣出一篇论文发表，十五岁就成了软体动物专家，十八岁本科毕业，二十一岁就把博士学位拿到了。

蜕变　皮亚杰最初是一名动物学家，研究的是软体动物和昆虫。他痴迷于动物蜕变所经历的阶段，比如毛毛虫变成蝴蝶，后来，他的注意力转移到儿童身上，并且把对昆虫的不同阶段大变化的思路带了过去。一只简单的毛毛虫怎么就变成了色彩斑斓的蝴蝶，一个能力有限的孩子怎么就变成了思维复杂的成年人？时间不到，毛毛虫怎么努力也没用；发展阶段没到，儿童的思维就是单纯……儿童认知发展阶段论诞生了。

论动物学家如何蜕变成心理学家

机会　博士毕业后，皮亚杰得到一个机会，帮设计比奈－西蒙量表的那个西蒙测儿童智商，所以就对儿童推理感兴趣了。二十四岁就任职日内瓦卢梭研究所主任，计划研究儿童心理；迅速搞定一个女学生结婚，给他生了三个被试。——然后，研究自己的孩子，搞出好多理论，折磨了千万个学习儿童心理学的人。

研究　皮亚杰做研究的主要方式就是和小孩谈话。下面就是一个典型的实验场景：皮：什么产生了风？孩：树。皮：你怎么知道？孩：我看到它们在挥手臂。皮：这怎么能产生风呢？孩：（挥手）像这样，只不过它们更大。并且有很多树。皮：那海上没树啊，海上的风是怎么产生的？……然后孩子就疯掉了，皮亚杰就开始写儿童思维模式的论文了。问蒙小朋友，文章自然来。

缘起　“为什么创建相对论的人不是别人而是我呢？我认为主要的原因是，一个正常的成年人不会研究空间和时间问题，这是他在童年时早已思考过的问题。但是我的发育滞后，所以到成年我才开始对时间和空间问题产生好奇心。”——说此话的是爱因斯坦，受此启发，皮亚杰开始研究儿童直觉思维中速度和时间的概念。

心理有缘　皮亚杰爱上心理学与母亲有关，她母亲的心理不大健康。皮亚杰的婚姻与心理学有关，他的老婆是他的心理研究合作者。皮亚杰的心理学成就与儿子有关，从有了孩子起，他就一直观察他们的成长，最后成就了其认知发展阶段论。他的长相与心理学有关，多年研究孩子，自己也长得慈眉善目起来。

“不老”乔姆斯基

成名　1957年，斯金纳酝酿近二十年的代表作《言语行为》出版，备受推崇。不过，有个年轻人发表了一篇书评，全方位多角度炮轰了这本书，他甚至评论“就斯金纳的问题而言……我认为这是一个骗局，什么也说明不了……它纯属空谈……”然后，斯金纳倒下了，一个年轻人站起来了：诺姆·乔姆斯基。

读书　乔姆斯基在宾夕法尼亚大学读的本科，刚开始很用功，修哲学、逻辑、语言等等，念了两年，唉，大学不过就这么回事吧。不想念了，要退学，去打工。——后来没退成，原因很简单：搞对象了。对象是青梅竹马的卡罗尔·莎茨，然后小乔就认真写学位论文了，顺便结个婚，那一年：他二十一，她十九。

影响　乔姆斯基江湖上的绰号是“当代认知科学之父”，语言学界的“爱因斯坦”，著作等身，关心政治，“当代全球最具影响力”一百位公知第一名，入选二十世纪最伟大科学家十强，语言学与心理学抢着要把他拉入自己的山头……最最重要的是：他还活着!

斯滕伯格“报仇”

成功智力　美国小学生入学都要进行智力测验，有一个小朋友测出来的成绩很差，同学们一直笑他傻瓜，最后他一努力成了心理学家，还专门研究智力，提出了智力三元理论，影响很大，上了教科书，他就是罗伯特·斯滕伯格。后来，他又提出成功智力这一概念，狠狠批判了传统智力测验的弊端，说这些测验太扯了，谁成功，谁智商就高，爱咋咋的。总之，最后总算报仇雪恨了。

智力三元理论

智力三元理论认为，智力包含三个方面：智力的内在成分、这些智力成分与经验的关系，以及智力成分的外部作用。据此，这三方面构成了智力成分亚理论、智力经验亚理论以及智力情境亚理论。智力成分亚理论认为智力包含元成分、操作成分以及知识获得成分。智力经验亚理论认为智力包括两种能力，一是处理新任务和新环境时所要求的能力，二是信息加工过程自动化的能力。智力情境亚理论认为智力是指获得与情境相拟合的心理活动。

爱情三角　斯滕伯格测智商结果不佳，谈恋爱也不顺利。好不容易谈了一个，又离婚了。咋回事呢？斯滕伯格“思疼来思疼去”，这爱情咋整才能稳定呢？一着急提出了爱情三角形理论，爱情稳定三要素：得有激情（肉欲）、有感情（喜欢），还得有未来（承诺）。理论指导实践，二婚稳定一直到现在。

爱情三角形理论

斯滕伯格的爱情三角形理论认为爱情由三个基本成分——亲密、激情和承诺组成，这三个元素构成爱情三角形的三个顶点。亲密成分是指在爱情关系中能够促进亲近、结合等体验的情感，激情成分是指能够引起浪漫恋爱、体态吸引、性完美等现象的一种驱力，而承诺成分是指短期内一个人做出了爱一个人的决定以及长期内为了维持爱情而做出的承诺。斯滕伯格认为，完美的爱应该同时包含以上三种成分。

第 7 章

07

心理难题找他们

“你们学心理学的心理都有问题吧？”这是心理学人常遇的一种外界误解。话说回来，在心理学史上，确实存在一些这样的“久病成良医”的大家，他们因为自身的一些问题和情结，深入思考、钻研、自疗，最终形成了自己的理念和疗法，从而让更多的人受益。不一样的童年，不一样的遭遇，最终也造就了不一样的成就。

爱咋咋的森田正马

病秧子 森田疗法的创始人是日本人森田正马，他爸是位老师，日本人教育孩子那叫一个严：五岁就被送去读小学，学校作业多，他爸又开小灶，每天回家学古文，背不完书别睡觉，终于搞出了学校恐惧症。他一上学就哭，然后病就不断，十二岁还尿床，十六岁心跳过速，高中神经衰弱，大学又得了脚气……一直坚持换着样生病玩。

森田疗法

森田疗法是 1920 年由日本学者森田正马创立的一种带有浓烈东方色彩的心理治疗方法，主张“顺其自然，接受现实”“减少控制欲，避免精神交互作用”“为所当为，注意外向化”。森田疗法认为，当症状出现时，要顺应自然，正确认识，积极服从，避免由于精神过度集中而使感觉过于敏感，应转移注意力，为所当为。

尿床　森田正马十二岁时还尿床，很自卑。为了不把被褥尿湿，他总是铺着草席睡觉。有人哪壶不开提哪壶，问：“你铺草席干什么啊？”森田一脸正气满含悲怆回答道：“夜里不尿炕！”后来森田听说一个名人也尿炕，心情稍微好了一些。成名后写专著，也夹带了点私货：“不要谴责孩子的夜尿症，越是谴责挖苦孩子，就越会恶化。”

何弃疗　森田正在读大学，神经衰弱加脚气，医嘱回家休养。但回家就没法考试了，就得补考，不靠谱的爹好几个月没邮学费，都没钱买药了。怎么办？森田心一狠：横竖不是个死吗，药不吃了，病也不治了，准备考试。结果，考得好，病也好了。森田正马总结，治疗神经症，关键要有“放弃治疗的心态”，别管它。不要问我“何弃疗”？原因很简单，自从有了精神病，我整个人都精神多了。森田疗法的精髓正是：顺其自然，为所当为。通俗点讲就是遇到事，已经这样了，爱咋咋的吧。

“何弃疗”的真相

农家乐治病　　森田正马医科大学毕业后，开始精神病患者的治疗。他觉得这些人太无聊了，得找点事干，便尝试着让女病人织毛衣，男病人养鸟、糊纸袋。效果还不错，便逐渐把这些精神病人整到室外，让他们干农活、垦荒、养鸡、养猪等等，从此走上了通过对精神病人“劳动改造”的治疗之路。

能说会道埃利斯

问题儿童　　ABC 理论提出者阿尔伯特·埃利斯有个不靠谱的妈。妈妈不关心孩子，小埃上学走的时候妈妈还在睡，放学回家后又没人影。小埃身体也不好，肾脏发炎然后扁桃体发炎，然后又感染链球菌，五到七岁间住了八次院，最严重的一次持续了近一年，也没啥人管。到了青春期，身体好些了，心理又有了问题……

社交恐惧　　埃利斯十九岁的时候社交恐惧，表现就像《生活大爆炸》里的印度男，见到女的没法说话。青春期的小伙子没法和靓女交流，你说得多苦闷。憋得实在没办法了，他强迫自己一个月之内，在一个公园找一百个女性约会。功夫不负有心人，九十九个女孩拒绝了他，最后终于有一个女孩答应和他约会。而约会时，这女孩又放了他鸽子……不过好在，他的社交恐惧没了，见女孩子不害臊了。

ABC 理论　　埃利斯不仅不害羞了，还能说了，后来他创建的理性情绪行为疗法（又称情绪 ABC 理论）就以说为主。埃利斯认为事件 A 不是情绪后果 C 的直接原因，关键在认知信念 B。女孩不理你（A），就一定痛苦（C）吗？如果你有下面这样的理性认知（B）就不一定那么痛苦了：“女孩又不是老虎”“找个女孩说话又不会死”“拒绝你是她不敢高攀”……

能说能写　在能说之前，其实埃利斯年轻的时候更能写。二十八岁之前，他就洋洋洒洒写了二十本书，其中包括一本五十万字的自传体小说，投出去结果都被退稿。出版商看不上，但朋友看上了，因为他写了许多宣扬“性解放”的文章，他的朋友认为他一定在这方面经验丰富，就全找他来咨询“情感问题”。一来二去，他发现自己在这块挺擅长，小说也不写了，跑到哥伦比亚大学念心理学去了。

太能说了　拿到心理学博士后，埃利斯开始学精神分析。第一次接受分析体验时，他的治疗师让他自由联想，然后他就不带停地说了整整一小时，治疗师完全没插上话。完事后，他的治疗师说：“哎呀妈呀，你咋这么能说呢？！”

生活意义　“我对生活的态度是顺其自然。因为我们不是被邀请到这个世界上来的，而是被动地来到这个世界。生活本身没有啥意义，是我们给了它意义。我们自己决定什么是我们喜欢的，什么是我们不喜欢的，什么是我们特殊的目标和目的，从而为我们自己的存在选择了意义。”——埃利斯箴言一则

必须主义　埃利斯认为绝对性的观念是人类痛苦的重要根源，女性必须减肥，学生一定要学习好……这些皆为不合理信念。他发明了一个词“必须主义”（musterbation），并声讨之：“必须主义就是狗屎！”——在英语中，这个词与另一个词很像：手淫（musturbation）。你说他是故意的呢，还是故意的呢？

爱与焦虑罗洛·梅

有病　存在主义心理学大师罗洛·梅是个倒霉孩子，有个精神病姐姐，父母没病，但也没有什么文化。他大学学的专业是英国文学，毕业后当了几年英语教师，然后到神学院读了两年神学，做了两年牧师，然后得了肺结核。这在当时相当于绝症，他躺在床上胡思乱想等死，后来竟好了，学了心理学写了本书：《焦虑的意义》。

离异　身体不好入行晚，罗洛·梅四十多岁才拿到临床心理学博士学位。学术上终于起步，按理说该过安稳日子了，可两口子过了三十年婚姻却停步了，老婆和他离了婚。他一个人孤苦伶仃，又开始胡思乱想，终于搞出了那部存在主义心理学名著，也是他的成名作：《爱与意志》。里面谈的都是爱啊，性啊，死亡啊，意志啊，自由啊……听听这些词。

爱与意志　1969 年，罗洛·梅离婚后写的那本《爱与意志》面世，这是他最富原创性和建设性的著作。该书有思想又能引发共鸣，一经面世，便成为美国最受欢迎的畅销书之一，曾荣获"爱默生奖"，该奖项由美国最古老的学术荣誉学会颁发，每年只评选一部著作。该书分析了爱与意志、愿望、选择和决策的关系，以及它们在心理治疗中的应用。写完这本书两年后，他娶了第二任老婆，十年后，又离了。1988 年，再娶第三任，一起过了六年之后，他死了。

寻找自我埃里克森

爸爸去哪儿了　发展心理学家埃里克·埃里克森还在妈妈肚子里的时

候，爸妈就离婚了，亲爸跑路了。他三岁时生病，妈妈带他去看儿科，医生的名字叫杭伯格（Homburger）。等他的病看好了，妈妈和这个医生搞到了一起，成了他的后爸。苦命人埃里克森长大后给自己取名埃里克·埃里克森，看英文 Erik Homburger Erikson，意思是他是埃里克的儿子，中间那个是后爸的姓氏。

我是谁　虽然后爸的姓氏进入了自己的全名，但埃里克森还是用名字告诉了后爸，虽然你现在给我当爹，但我 Erikson，仍是 Erik 的儿子。不过，亲爹后爸，我到底是谁？这个问题萦绕埃里克森一辈子，后来就专门研究青少年的“我是谁”了，提出了著名的“自我同一性”理论。

自我同一性　埃里克森提出的“自我同一性”概念说的就是人的青少年期。在这个时期，年轻人总想问问我是谁，我要去哪里，我的人生目标是什么之类的傻问题。如果父母宽容些，发展得好一些，就形成“自我同一性”，不分裂；发展得不好，就“同一性混乱”，风一阵雨一阵，不知道自己是谁了。

转学　埃里克森青少年期就差点同一性混乱，也不是一个省心的孩子。中学的时候，人家都读个数理化之类的，他选的课都是艺术、语言这类，厌恶常规的教育。十八岁，人家都读大学了，他开始环游欧洲找自我，边玩边写日记，转了一年回来了，读了所艺术学校，然后因种种不满意又转学。

八段论　埃里克森最有影响的理论应该是他的那个人生发展八阶段理论了。他认为人在不同的人生发展阶段，有不同的任务，解决的主要矛盾不同。主要矛盾不解决，就会带来问题。例如，为什么大学期间要谈场恋爱，因为根据埃里克森的理论，人在十八到二十五岁之间，主要解决的是亲密感对孤独感的矛盾，换言之，主要任务是搞对象。所以各位，大学阶段能谈就谈一场吧！谈了不一定成功，不谈一定会后悔。

心态史学　埃里克森（对，还是这个提出人生八段论的埃里克森），还是一位心态史学的大家。心态史学是历史与心理相结合的一门学科，通俗点讲就是用心理学的思路看历史。他写了两本经典的心理传记学的著作——《青年路德》与《甘地的真理》，用精神分析讨论路德与甘地。后来有人写了一篇文章——《埃里克森的心理传记与心理传记中的埃里克森》，他也被精神分析了！哈哈，这就是螳螂捕蝉，黄雀在后，不信抬头看，苍天饶过谁。

莫问出处萨提亚

走市场　维吉尼亚·萨提亚，就是那个现在很火的萨提亚家庭疗法的创始人，二十岁时就已是一位小学校长了。受过精神分析训练后便开始搞咨询，觉得不过瘾就创建了家庭治疗。老了之后想明白了，重点搞起面向企业、政府之类的商业培训，近年来进入了中国大陆市场，不与高校接触，主要走市场培训路线。

好病人　名家出道都是因为遇到好病人，萨提亚也是。萨提亚治疗了一个精神分裂症少女，费了九牛二虎之力让她有了好转，但不久复发了，一打听她妈有问题；处理一下有好转，然后过一段又复发，结果发现她爸也有问题。——这个奇葩家庭怎么回事啊，一研究，萨提亚家庭治疗诞生了。

莫问出处　萨提亚搞家庭治疗，但是自己家庭生活一般，离过两次婚。一次家庭治疗训练中，有人问萨提亚：“你自己离过两次婚，怎么能指导家庭治疗？”萨姐很潇洒：“我就是从这种经验中学习的。”

补充一句，萨提亚并不是一位被写进科学心理学史的人物，她的治疗观点及其干预手段仍有争议，目前没有得到心理学界的普遍认可。

The
Psychologists'
Tales

歪 史

谁是正常人

如何证明你不是精神病？正常人到精神病院会被诊断为有病吗？1972年，斯坦福大学心理学教授戴维·罗森汉招了几个正常人，安排他们到精神病院去看病。结果，他们都“被精神病”了，顺利入院，即使入院之后都正常了，但最少也住了一个星期院。

都是精神病　罗森汉搞一伙人假装精神病人入院，他自己也亲自出马，除了诊断时陈述自己有幻听症状之外，其余时刻都正常表现。罗森汉“被治疗”后，医生给的诊断结果：“这名三十九岁的白种男性……长期以来对亲密关系抱持极度矛盾的感受……情绪不稳定……他自称有若干好友，但言谈间表露出对友谊的深度疑虑。”

病人诊断更准确　有意思的是，这些“假病人”医生都没看出来，认为他们有病；但是，那些住院的真病人，比医生们还专业，在假病人所住的医院，近三分之一的精神病认为这些装病的人没病：“你们不是疯子，你们是记者或者编辑，你们是来检查医院的！”久病成良医，精神病才能诊断谁是精神病。

标签效应　为什么正常人会被诊断为精神病，罗森汉对此解释：医务人员有种思维定式，你来精神病院，就应该是精神病人，就容易诊断为精神病；一旦被诊断为精神病，那就怎么看你都是精神病——这就是史上著名的“标签效应”，先入为主影响了你的判断。当然，精神卫生界的小伙伴们对罗“砸场子”很不满。

结梁子　心理学界的罗森汉和精神卫生界的梁子就此结下了。一所医院不服，罗教授说三个月内我将派一些假病人过去，看你能否诊断出来。这三个月医院很认真，诊断出了一百九十三名假病人，你看看，精神卫生界不是吃素的吧？哪知道，罗教授更狡猾，公布答案：他这三个月根本就没派假病人去医院！

质疑研究　罗森汉多次重复了他的研究结果：精神病诊断不靠谱。当然，后来有精神卫生界的专家站出来质疑罗的研究，说这事吧，也不能说精神病诊断有问题，毕竟你这些“假病人”的自述有问题，医生也不是搞测谎的。另外，真正的精神病有时候表现也正常，你不能说诊断无能……不过，新近的一些研究发现，若被贴上精神病的标签，会遭歧视是事实。

乱贴标签　罗森汉的实验在教育上的意义是：当一个孩子被贴上了“坏孩子”“差生”“笨蛋”等符合某个心理条件的标签时，那个标签将掩盖他的所有其他品质，甚至优点。无论那个孩子做什么，老师和家长都认为那个孩子“差”“坏”“笨”——当然，我们也不要给自己乱贴标签，过年打麻将输点钱就哭诉得了抑郁症，说着说着没准就真抑郁了。

求被试　罗森汉的这个精神病院实验共八名被试，包括他自己。其中一名被试说当初罗打电话求被试的时候，他本来很忙，但一听完这个实验的创意，便兴冲冲地参加了。参加了这项著名实验，这名被试也进入了心理学史，不过他现在比罗森汉更有名了，他就是积极心理学的倡导者马丁·塞利格曼。

从无助到幸福　塞利格曼最开始研究的是习得性无助，主要做法就是虐待狗，一些狗在多次被电击之后，就抑郁了。但也有一部分小狗，不管研究者如何电击多少次，始终兴冲冲打不倒，很讨厌，与假设不符。开始时，塞利格曼把它们作为极端值干掉了，不统计分析它还不行吗。后来他一琢磨，这不就是“草根逆袭”的证据吗？积极心理学就这样诞生了。

——其实，积极心理学诞生还没有公认的标志，但积极心理学的代表人物塞利格曼，之所以从习得性无助转向积极心理学，那个怎么电都不服输的小狗是缘起，他在著作《真实的幸福》中说的。

幸福六要素　美感、感恩、希望、灵性、宽恕、幽默、热忱，这杂七杂八的是些什么东西？塞利格曼在总结提升个体幸福感的要素时发现了这些品质，我估计也是被这些品质的分类搞得头疼了，最后把这些内容囫囵个儿打包，起了个名字，叫精神卓越。在塞利格曼的理论中，精神卓越是提升幸福感的第六种美德，包括上面这些内容。

别惹老人家　塞利格曼当选美国心理协会主席后，信心满满准备大干一场。作为主席第一项提议就是要进行以实证为基础的心理治疗，按理说是好事，各项疗法基于科学实证，师出有名啊。有人拟筹款四千万美元支持。不过，当塞把想法和学霸老前辈们一提，一句话否决："如果最终的研究结果对我们不利，怎么办？"

——咨询治疗界的问题是希望各界认可，但又拒绝用科学的范式检验，发现了这一点，塞利格曼失望了，这也是他搞积极心理学的重要原因。

可怜的被试　回来说罗森汉，找一些人扮精神病人也不容易：实验前五天，大家就不洗澡不刷牙了，一脸胡楂儿去医院；大家还得事先演练怎样不吃药还不被发现，先藏到舌下，然后趁人不备丢马桶冲掉。塞利格曼当时年轻，扮精神病人没经验，还紧张，所以有时不小心就把药吃了，好在副作用不大，否则一个心理学家没了。

疯人院　罗森汉的研究 1973 年发表在顶级期刊《科学》上——《在疯狂之地保持清醒》（"On being sane in insane places"）。巧合的是，两年后，一部与此有关的电影获得了奥斯卡奖，说的就是一个人为了逃避监狱里的强制劳动，装作精神异常，被送进精神病院的故事，这就是那部经典的《飞越疯人院》。

忙于书写　罗森汉潜伏精神病院做研究，还发生了一件乐事：因为研究需要，他每天要写下自己的经历。一开始偷偷摸摸地，怕医护人员发现；后来发现，这纯属多余，因为他是"精神病"，写什么根本没人怀疑和关心，就光明正大地记录每天的观察发现了。不过治疗记录上多了条评论："病人忙于书写行为。"

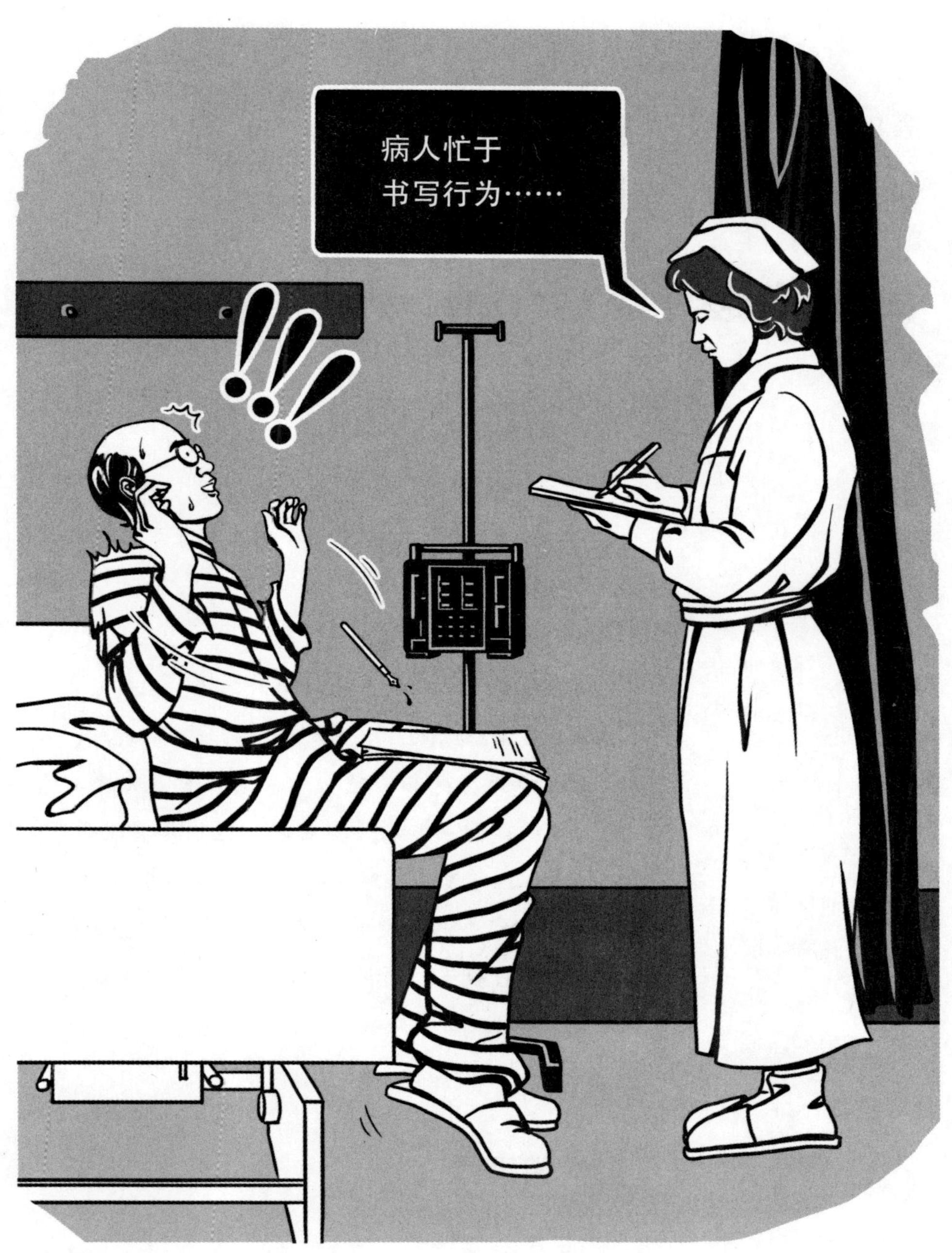

心理学家版《飞越疯人院》

第8章

08

管理难题找他们

有些专家，本来是管理学内部的，但谈及人的管理必然牵扯到人，谈到人必然牵扯到心理学，所以管理学的历史和管理心理学的历史基本是重合的，谈的是同一些人。换言之，他们是管理学家，也属于心理学家。将对人心、人性的思考应用于实践，必然要去影响更多的人，所以，搞管理的大家，能侃的居多，管理大师往往也都是“大忽悠”。欧文、泰勒、梅奥是其中杰出的三位。

温情管理欧文

倒霉孩子　罗伯特·欧文号称“人事管理之父”，家里七个孩子，他排行老六。欧文小时候是倒霉孩子一个，喝粥竟然烫伤了胃，没法开刀做手术只能慢慢养，只能吃清淡好消化的事物，吃啥都得加倍小心，仔细看有没有问题，于是就养成了爱观察、注重细节、爱思考的习惯。

书虫　和许多名家一样，欧文小时候身体不好就喜欢读书，爱读书就招父母稀罕。老欧家孩子爱读书当地有名，所以小镇上各家的书房都向他开放，小欧文找到感兴趣的就读，见一本读一本。读书多了就想法多，就想要闯荡世界了。

小老板　欧文的爸爸是个小商人，妈妈在邮政系统工作，家境一般。穷人的孩子早当家，欧文十岁就出来混社会了，先是去伦敦哥哥那里打工，然后又到一家服装厂去做学徒……东干干西干干，好在年轻经折腾，也积累了各种经验，然后，十八岁那年，欧文借了一百英镑，开了自己的工厂，自己当老板了！

经理人　小老板也不好做，干了两年，欧文便把自己的厂子卖给了一个大老板，并受雇用成了职业经理人。虽然不是自己的厂子了，但二十岁的欧文干得很有专业精神，他细致观察企业的方方面面，着力提升管理效率以及改善工人的工作环境。管理很出色，大老板很满意，于是给了他一些股份，职业经理人变成股东了。

爱情　当股东就有了点闲钱，世界那么大，他想去看看，有钱就得到处玩一玩。欧文去格拉斯哥旅行，旅行时不仅有风光，还能有艳遇。欧文旅行的时候就遇到了靓女卡洛琳，坠入情网。为了把靓女娶到手，欧文想尽办法，未来的准岳父要卖工厂，欧文便很懂事地不讲价凑了钱把工厂买下了，之后靓女就娶到手了，自己也成了新工厂的老板——自己有了工厂要管理呀，管理大师欧文就出山了。

温情管理　欧文的管理号称“温情管理”，但有些做法现在看来是要命的。比如，经典的欧式人性化管理，首先将工人的品行分为恶劣、怠惰、良好和优质四个等级，然后，在一块木块的四面分别涂上黑、蓝、黄、白四种颜色来标记不同等级，考核完之后，每个工人面前就立上不同颜色的牌，谁好谁差，在众人面前赤裸裸毫无遮挡地展现。虽然实际的惩罚没有了，但精神折磨开始了。人性化管理之初，就是这个样子的。

好环境　欧文认为，好的环境可以使人形成良好的品行，坏的环境则使人形成不好的品行。要让工人好好干活就得改善人家的工作环境，欧文这么想了也这么做了：在工厂区搞卫生绿化、缩短工时……欧文还专门为工人建造了供其娱乐的地方——晚间娱乐中心。对，现在的俱乐部、夜总会就是从欧文这里开始的。

管得宽　老板做到一定程度就要重视教育、影响社会了。欧文正是如此，管理工厂最后发展成了管理社会，小工厂大社会。干工作之外，欧文开始建孩子学校、建劳工食堂、设立工人医疗和养老金制度……管得越来越宽，后来，欧文管的这块区域成了英国的模范社区。

做梦的人　既然社区管得这么好，一个国家这么管也行啊。欧文开始推销他的“空想社会主义”，不过社会反响一般，尤其是他工厂的股东，你欧文这样折腾，我们还赚不赚钱了？大家不同意，欧文也没辙，算了，去新大陆美国，或许能实现自己的乌托邦梦想。

忽悠美国人　欧文带着四个儿子和他的乌托邦梦想来到了美国，买了一块地开始建设他心中的“新和谐社会”。不仅自己干，还要做广告宣传，四处游说带动更多的人。在那个时候，有梦想改变社会的有志青年比较多，先后有上千人参加了欧文的社会实验，其中包括一些社会知名人士，这个家那个家的，大家在欧文的带领下，一起在这块土地上折腾。

新社会 在欧文的一亩三分地里，实行财产共有、共同劳动、按需分配，孩子归大家共同抚养；反私有制、反宗教、反资本主义婚姻制度；开面粉厂、纺织厂、工具厂，开医院、开商店；建学校、建幼儿园……只想着跑步进入共产主义，理想很伟大，只可惜最终梦一场。

梦醒 欧文梦醒美利坚的原因中国人很容易理解，很简单：他的地盘对外开放、来去自由，吃饭不要钱，大家可以各取所需，大锅饭养懒汉，到他这里来的游手好闲之人越来越多，后来组织者中间有了矛盾，大家意见不一致，又没有及时改革开放，欧文的空想社会主义实验在美国失败了，不过他的思想流传下来了。

能搬砖泰勒

换种活法 科学管理之父弗雷德里克·泰勒生于富裕之家，头脑聪明，轻松考上哈佛。不过，他患有眼疾，眼神不好，不得已退了学。一怒之下，泰勒决定换种活法去工厂；学徒期满进入钢铁公司，六年后从普通工人升到总工。他能说会道，越说越好，后来便不屑于给工人做咨询，自创门户，开始给管理做咨询——史上第一位管理咨询师诞生了。

管理咨询师

管理咨询师是一种职业，指常年跟踪，参与客户企业的经营管理与决策，运用专业知识、技能和经验，提出改善建议与意见，帮助企业解决问题，避免客户企业出现较大经营问题或经营危机的咨询顾问。

科学“搬砖” 泰勒理论的镇山之宝是“搬铁块实验”，研究的就是怎么搬铁块更有效率，这也是科学管理思想的实验基础。泰勒经过精心挑选工人、充足训练和示范、合理安排工作量，确实提高了搬铁效率。据人推算，这样搬一千吨铁最多可省五十美元，而泰勒的咨询费是每天四十美元，省的钱根本就不够付咨询费。

——按理说咨询能搞几天，一年怎么也省下来了，其实泰勒为该公司咨询了两年，拿了几万美元，跑了。

思想 泰勒管理的核心观点包括三个方面：①量化。基于定量观察和受控试验的精确分析，从记账转向问责。“如果你不能测量它，你就不可能管理它。”②人岗匹配。科学地选择工人，特定岗位需要特定人，工人的招聘、培训和付酬事宜都要讲究科学方法。这一点让他成为人力资源管理的鼻祖。③计件工资。

影响 泰勒的巅峰时刻，其理论不仅美国人学，苏联都学，列宁就曾在《真理报》号召大家学泰勒。也有人将泰勒的理论用于指导自己的生活，如开家庭会议的时候先吹哨集合，给别人送礼物得用实验的方法验证一下什么手段最有效；连男同志刮胡子都效率优先，有人建议刮胡子时两把剃刀左右开工，这样省时间啊，果然，经计算可节省四十四秒——后来补伤口用了两分钟。

第一个研究如何科学“搬砖”的人

祥瑞　泰勒的家在美国费城的豪宅区，他常在此为那些朝圣者讲管理的故事，最后的环节是邀请粉丝们参观豪宅。当他们走到阳台欣赏美景时，奇迹出现了：一大群鸽子俯冲而至，落在四周，众宾客纷纷赞叹天降祥瑞，不虚此行。泰勒的一个铁粉多次见到此景心生疑窦，咋回事啊？经观察发现，都是泰勒安排的。

生意　泰勒的个人观感：眼神不好爱思考，工作努力能总结，天生侃爷善忽悠。——泰勒不抽烟、不喝酒，就爱工作；干活不累，能把死人说活。有的人评价泰勒的演说能力："只要死人能听到他讲的话，死人也会充满热情的！"而泰勒的经验表明，科学管理不仅是一门科学，而且是一门生意。

好口才梅奥

早年　人本管理大师乔治·埃尔顿·梅奥早年其实是个不着调的人，籍贯澳大利亚，出身不错，但不招人喜欢。中学念的名校，成绩平庸，大学进入了本地的医学院，不久就退学了。家里有钱折腾，之后去英国再念医学院，没念完又辍学。伦敦混不下去了回老家再读，终于在澳大利亚学完了哲学心理学课程，三十岁获得了学士学位。看似没啥前途的样子，但梅奥有一个大家公认的特长：特能侃！

能侃　梅奥个儿小、秃顶、其貌不扬，但人群之中，其卓越的即兴演说能力往往让他成为瞩目的焦点——能把很普通的事说出花来。有人回忆，听完梅奥的演讲后，想想好像没啥实质内容，但听的时候确实令人神往。凭着侃爷的本事和医学、哲学、心理学的背景，梅奥离开澳大利亚，来美国混社会，以一张嘴和一点儿运气，获得了洛克菲勒家族[①]的支持，有钱了，有派了，影响就大了。

临床　因为拥有心理学、医学的背景，梅奥把弗洛伊德等人的相关理论用在解释工业社会的现实，认为工业社会对人的伤害潜藏在潜意识中，工厂心理学值得研究。谁来研究呢？当然是梅奥了。进入工厂实验，梅奥又把临床医学的思路带了进来，“请叫我梅奥医生”，临床管理学家就这么来了。

临床管理学家

心理学家梅奥借用临床医学的模式，把医生式的具体诊断，同教授式的学理分析有机结合为一体，首开管理学中的临床方法。像梅奥这样，利用临床“专家门诊”式的研究途径来处理实践中管理问题的专业人士，被称为临床管理学家。

谁干的　“霍桑效应”（Hawthorne Effect）的实验谁做的？霍桑。——错，霍桑效应的实验是心理学家梅奥在霍桑工厂做的。其实大多也不是梅奥做的，是另外的人做了一系列工作条件与生产效率的关系的实验，结果失败了，后来梅奥给实验结果包装总结了一下，说要注重生产中人的因素。实验中，如果被观察者知道自己成为被观察对象，那么就会改变行为倾向，后来这个效应就被称为“霍桑效应”。

影响力　霍桑效应是个牛效应。梅奥在霍桑工厂做的这个实验，开创性地采用了现场实验的办法，他本人也因此成为“临床管理学家”，并由此

① 美国一个家族，其创始人约翰·洛克菲勒是美国著名资本家，十九世纪第一个十亿富豪。——编者注

提出了不同于经济人的社会人假说。同时，霍桑效应无意中还成了研究方法中额外变量的经典样例。——所以，讲现场实验，讲企业诊断，讲人本管理，讲额外变量都离不开霍桑效应。

莫须有 不过，后来有研究者认为，霍桑效应是个莫须有的研究。霍桑效应成了假效应。唯一的一手资料来源是1927年登在《西方电器备忘录》上的一则十二段落的新闻摘要，但该资料已无从查找。根据这则消息，有关霍桑实验的描述与解释在1939年出版。之后所有的几百份报告和教材章节的复述，都源于那个1939年的出版物。

——然后墙倒众人推，近期的专家们陆续考证了霍桑效应不靠谱的地方，现在，经典的霍桑效应已经被作为使用二手不准确材料的经典范例了。

大师 其实，在今天的研究者看来，梅奥当年深入工厂做的一些实验研究，或多或少有这样那样的问题，但是，梅奥想得多、善于侃的本领救了他，他提出的管理领域对于人际关系的重视，以人为本实施管理的思想抓住了时代的脉搏，最后，他以管理大师身份载入史册。

The Psychologists' Tales

下篇说了什么

学派林立是心理学的特色，然而，并不是每个人都有机会创立学派，也不是每个人都想创立属于自己的学派。一些人只想安安静静做研究，不再参与那些意识本质之类的宏大叙事的争议，而是在自己的一亩三分地上深耕细作，提点有意义又深入的中小理论，拓展一下心理学研究与应用的范围，这样，就形成了心理学各种各样多姿多彩的学科和领域。本篇就主要介绍了这些人，他们不再拘泥于某一学派，但对相关心理学科的发展做出了突出的贡献。

对于我们中国人而言，许多人学习心理学感兴趣的是一个人怎么样认识自我，和别人搞好关系，进而影响他人，关注这些内容的领域是人格与社会心理学。本篇开篇的“人生难题”就谈到了这些专家。勒温的场论、米尔格拉姆的电击服从实验、费斯廷格的认知失调理论所做的研究属于典型的社会心理学，探讨的是外界的物理和社会环境对人的影响；奥尔波特的人格特质理论属于典型的人格心理学；皮亚杰的研究主要在儿童发展领域，哈洛的“代理母亲”研究算儿童发展领域，也属于社会心理学。斯滕伯格则研究触角比较广，既研究儿童的智力发展，也研究爱情，它们分属发展心理与社会心理范畴。

当然，心理学在寻找人性的规律之外，最重要的目的是促进人类的福祉。这至少涉及两个层面的心理研究：

一是心灵有问题的人怎样恢复到正常状态，咨询心理学、健康心理学等学科主要在此领域内活动。我们的“心理难题”主要谈了这些专家的事。一个有意思的事实是，这里说的几个大家，往往是久病良医型的，为了自己的心理问题进入心理学，解决了自己的问题后普度众生，如森田正马，如罗洛·梅，也包括埃利斯。这里请大家注意，有些有问题的人学了心理学，并不意味着学心理学的都有病。比如罗森汉就没病，但他被精神病院诊断出了病，他也以精神病诊断不靠谱的研究闻名于世。

二是心灵正常的人怎样活得更好更有效率，管理心理学、教育心理学等学科主要在此领域内活动。我们的“管理难题”主要谈了几位管理大师。从某种意义上说，欧文、泰勒与梅奥，这些管理心理学大师，他们其实在心理学内部影响不算大，但在管理界赫赫有名，他们是从心理学走向管理的代表，当然，如本书八卦所言，他们各自也是管理培训界忽悠大师的前辈。

总之，在大师不再的年代，大量的心理学人拓展着心理学的疆界，将“有人的地方就有心理学学界”逐渐从理想变为现实，虽然他们有的人在学界属于非主流，甚至是心理学的边缘人，但正是这些人，让心理学研究走进真正的现实生活，也影响着我们生活的方方面面，为心理学人点赞！

尾 声

一场关于心理学家的吐槽大会

说法，心理学家们的一些语录；做法，心理学家们做的一些有趣实验；想法，笔者本人关于心理学历史与理论的一些观感。

说法：心理学家们的言论

历史　“心理学有一个长长的过去和一个短暂的历史。”——艾宾浩斯

历史之后　“心理学有一个长长的过去、短短的历史，以及一个不确定的未来。”——美国心理学史学家黎黑

讲课　“把所有的观点详细地展示给同行无疑是非常有意义的，但是这样做不免冷落了学生。就像学生问我们‘现在几点钟了’，而我们

却给他们提供了一份全球时区表，讲述从日晷到最先进的电子计时器的历史由来以及落地大摆钟的内部构造。我想不等我们讲完，学生早就索然无味了。”——社会心理学家阿伦森

给我一打婴儿 “请给我十几个健康而没有缺陷的婴儿，让我在我创造的特殊世界中教养，那么我可以担保，在这十几个婴儿之中，我随便拿出一个来，都可以训练他成为任何一种专家——无论他父母的能力、嗜好、职业及种族是怎样的，我都能够训练他成为一个医生，或一个律师，或一个艺术家，或一个商界首领，或者甚至也可以训练他成为一个乞丐或窃贼。”——这是心理学历史上有名的“愤青”华生所说的，这段话也一直被人们公认为环境决定论的经典表述。

数据 “实验心理学已经达到这样一个阶段，在这个阶段，注意它对生活的实际需要能够提供的服务，似乎是很自然的，也是很合理的。”对于很多同行的工作，他批评说：“这些工作数据很多，但是观念贫乏。”——闵斯特伯格早在 1908 年说过的话。

教育 “当学过的东西全忘掉了之后，剩下的就是教育的本质。”——斯金纳

生活 “华生做了一个美好的计划，而这也带我进入了心理学。但他致命的缺点是，这一套是为实验室准备的，也只有在实验室里有用。在家里，面对孩子、老婆和朋友，这一套就没有用了……如果在家里，你用实验室里对待动物的那一套对待孩子，太太一定会把你的眼珠子抠出来。”——马斯洛

归宿　“在冯特出版他的《生理心理学原理》与创立他的实验室以前，心理学像个流浪儿，一会儿敲敲生理学的门，一会儿敲敲伦理学的门，一会儿敲敲认识论的门。1879 年，它才成为一门实验科学，有了一个安身之所和一个名字。”——心理学史学家墨菲说的，通俗点讲，心理学曾经是盲流；后来，认了冯特做爹，傍了实验大款。

梦的解析　梦到延长的物体（树干、雨伞、蛇……），代表男性生殖器；梦到封闭的空间（箱子、柜子、洞穴、口袋……），代表女性生殖器；梦到旅行，表示死亡；梦到飞翔，希望被崇拜；梦到跌落，希望受保护；在人群中裸体，希望受到注意；梦到爬楼梯、登梯子、驾车、骑马、过桥……都是“啪啪啪”。——弗洛伊德

欲望　“过分投入阅读是替代了想窥视母亲生殖器欲望的另一种欲望的表现。”——据说是弗洛伊德说的，未查到原文。

选题　“无论一个实验实际上多么无足轻重，只要在方法上令人满意，它就很少受到批评。而一个大胆的、开创性的问题，由于可能会遭到失败，常常尚未开始被检验就被批评所扼杀。”——马斯洛

尿床　“尿床与野心的性格特征之间有密切的关联。”——弗洛伊德

理论　“当我们绞尽脑汁试图用科学的方法去论证某些心理学问题时，引证好的哲学理论才是最为实用的做法，因为它能包含我们的过错与不足。”——勒温

虐待　“施虐－受虐待狂者的主要特征体现在对待权威的态度上。他

仰慕权威，愿意屈从于权威，同时又渴望自己成为权威，迫使他人屈从于他。”——美籍奥地利心理学家威尔海姆·赖希

Follow Your Heart　一百多年前，一个博士毕业生正在为毕业后从事什么职业而烦恼。在黄昏的维也纳街头，他碰到了正在散步的弗洛伊德，便向弗洛伊德请教。弗洛伊德说：“我并不能给你做出什么选择，只能告诉你我的一些经验。一直以来，我觉得对于不甚重要的决定，前思后想总会有所帮助。而对于事关一生的重大决定，例如，选择配偶或者选择一份终生的职业来说，前思后想并不会有多大、多好的作用。在对这样事关一生的决定做出选择时，相信内在天性之中的声音总是有很多益处的。”

这个散步都能遇到弗洛伊德的幸运年轻人叫西奥多·里克（Theodor Reik，1888—1969），后来也成了一名精神分析学家，其代表作：《内在之声》。后来，弗爷这个思想被谷歌的李开复和苹果的乔布斯学会了，一见到大学生就说，Follow your heart！

做法：心理学的一些研究

有意思　费斯廷格让被试完成一件很无聊的任务，然后给他们任务，让他们告知下位参与者说，这个任务很有意思。实验报酬或者一美元，或者二十美元。实验结束后问他们：任务有意思吗？得一美元的说：真有意思！才得一美元，说实验有意思心理才平衡啊——心理学值得学吗？赚钱越少，越认为学心理学好！

他人在场　1898 年，社会心理学家特利普赖做了一个实验，要求儿

童把绳子系在绳子上，结果发现，他人在场比一个人独自干速度要快，进而提出了社会促进的概念。这是社会心理学的第一个实验。百余年后，一个叫施特鲁贝尔的人在 2005 年发现，其实当时的研究统计错了，把不显著当成了显著。社会心理学源于一个美丽的错误。

社会促进　当然，动物界也有社会促进效应。如果有同类在场，蚂蚁挖沙子更多，小鸡吃米更多；最搞笑的是，心理学家还做了一个没节操的实验：两只老鼠交配，让一群老鼠观摩，结果发现，当有其他老鼠在场时，做爱中的老鼠会表现得更为神勇！——这个是戴维·迈尔斯在社会心理学教材中说的。

不专业　1953 年，年轻的社会心理学家奥尔兹凑热闹研究小白鼠，将电极插入大脑，想借此引发小白鼠的恐惧反应。不过，奥尔兹太业余了，没把电极插对位置，通电之后，小白鼠不仅没有痛苦，还显得很享受。电击结束后，小白鼠还待在原地不愿离开——鼠界也有受虐狂吗？不，是大脑的“快乐中枢”在起作用，大脑的奖赏回路就这样被发现了。

脑成像　1983 年，西蒙·派雷拉因为犯下两宗一级谋杀，两次被判死刑。二十一年后，神经心理学家提出证据，大脑扫描显示，派雷拉额叶畸形，损害了他正常行事的能力，法庭接受了这一说法。然后，派雷拉对第二宗谋杀罪提出上诉，还拿这幅脑图说自己精神发育迟滞，然后法庭又相信了。脑成像，“高大上”，杀人无罪脑变样。

喝水中毒　“妻子生病无钱医，丈夫偷药该不该？”科尔伯格以“海因茨偷药”的两难故事为素材，展开了他名动江湖的道德发展研究，任何教育心理学教材都不会忘记介绍他的这些经典发现。不过，命运因一次喝水事件而改变：他由于喝了不洁净的水而患了肠道疾病，怎么治都治不好，就疼啊疼啊，疼到了 1987 年，他自杀了。

研究转型　美剧《别对我说谎》的主角与理论都源自心理学家艾克曼教授及其研究。当年美国高等研究计划署邀请他参与一个地域文化差异的研究，不过他开始拒绝了，因为自己不是人类学家。后来，国家有钱啊，计划署给出了一个他难以拒绝的资金数目，于是他开始了那些伟大研究，后来就有了《别对我说谎》。

想法：迟老师的心理学臆想

传统　在心理学历史上，有冯特传统和弗洛伊德传统之分。科学心理学的创立者是冯特，讲究的是实验和证伪；临床心理学的奠基者是弗洛伊德，讲究的是分析和体验：两者根本就不是一个路子。

父母　有不靠谱的爸爸，就有不靠谱的妈妈，如果说荣格的妈妈风一阵雨一阵难以让人适应；马斯洛的母亲就是极品：迷信、冷漠，残酷暴躁，小马小时候带两只猫回家，他妈妈竟活活把它们给打死了。马斯洛说，我妈就是精神病。很可惜，当初没有豆瓣“父母皆祸害”小组，找不着同道，他们最后都憋成了心理学家。

学生　研究鸽子的斯金纳带学生有今天老板教授的派头，对学生也比较严厉；研究猴子的哈洛不怎么管学生，天天喝酒醉醺醺的。后来，哈洛培养的第一个博士叫马斯洛，斯金纳……

演化　弗洛伊德将人的行为终极动因归为生本能与死本能，一切人类行为的解释均从此出发；进化心理学将人的行为终极动因归为生存与繁衍，一切心理现象的源头由此而来。两种学问都让人印象深刻并趣味横生——进化心理学，就是新时代的精神分析！

生本能与死本能

"生本能"指向生命的生长和增进，具有建设性倾向。求生是人类的一种本能需求，一个人一定要存活下去几乎是不容置疑的真理。每个生命都有生的本能，包括"生存"和"性"两部分含义，我们每天做的事几乎都是以这些本能为根本目的，简单地说就是为了更好地活下去，生育出更好的后代。"死本能"指向生命的损毁与破坏，当这种本能指向于外，就表现为对外的侵略与破坏；当这种本能指向于内，就构成自我损毁的自杀倾向。"死本能"不仅限于杀人和自杀，也包括各种适度的侵犯，如自我惩罚、自我谴责、人与人之间的敌对情绪等等。

发言　按照弗洛伊德的理论，当老师的、爱在微博上发言的人，属于口唇期没过渡好，小时候奶吃得有问题，所以现在爱表达，又自恋；而那些从不发言，偷偷看微博偷偷乐的人，属于肛门期没过渡好，小时候控制大小便有问题，所以现在不爱表现自己，防御心强。

神兽　他们戏弄猫，他们折磨狗，他们玩弄鸽子，他们调戏老鼠，他们是心理学史上最有名的"小动物虐待狂"。当然，他们也是伟大的心理学家：桑代克、巴甫洛夫、斯金纳、托尔曼。纵观心理学史，桑代克的猫、巴甫洛夫的狗、斯金纳的鸽子以及托尔曼的老鼠，简直就是心理学史上的四大神兽。

致敬　心理学人抽烟，是为了向弗洛伊德致敬；心理学者养猫，是为了向桑代克致敬；心理学者养狗，是为了向巴甫洛夫致敬；心理学人乱搞男女关系……当然是为了向华生致敬！

挖墙脚　弗洛伊德搞的是精神分析，不是心理科学；华生、斯金纳搞的是行为科学，不是心理科学；巴甫洛夫面对学生叫嚣：“谁要在我的实验室里使用心理学术语，就枪毙了他”但是你读任何一本心理学教材，弗洛伊德、巴甫洛夫、华生和斯金纳都在，所以心理学是一门霸道的学科，只要你厉害、影响大，就拉进来。

伤心日　人类自尊心遭受的三次打击。首先是哥白尼，他说人居住的地球其实不是宇宙的中心；其次是达尔文，他说人其实是由猴子变来的；最后是弗洛伊德，他说人类看起来道貌岸然，其实行为的动因都来自两胯之间。

论史　精神分析像侦探，人本主义像父母，行为主义像教练，认知主义像教师。精神分析认为人性本恶，人本主义认为人性本善，行为主义、认知主义就不把人当人。——行为主义认为人如动物，认知主义认为人脑就是计算机。

论人　在心理学内部，喜欢弗洛伊德的属右派，喜欢华生的属于左派；喜欢荣格的属于逍遥派。

论演变　中国哲学之初，春秋战国，百家争鸣，后汉武帝罢黜百家、独尊儒术；心理学发展之初，学派林立，众说纷纭，自冯特以降，则逐渐荒废百家，独尊实证心理学。

论起源　　在哲学界，有人把康德的哲学比作一座桥，想入哲学之门就得通过康德之桥；在心理学界，其实同样有一座桥，那就是弗洛伊德的精神分析，想入心理学之门也得经过弗洛伊德之桥。——那么，入门之后，是否还需要言必称康德和弗洛伊德呢？

论议论　　和物理学等纯科学不一样，一般人不感兴趣或者感兴趣也看不懂，而心理学，尤其是心理咨询是人人都可以发表点意见的，业内业外的都有。当年弗洛伊德就曾抱怨爱因斯坦："因为你研究的是数学物理，不像我研究的心理学，人人可插嘴。"所以，做心理学、心理咨询，免不了被不停吐槽，这就是命。

黄金时代　　二十世纪六七十年代，可以说是心理学的黄金年代：从理论研究上说，精神分析、行为主义、人本主义三大流派业已成形；从实证研究上看，也产生了许多激动人心、充满天才创造性、令人赞叹不已的研究。反观今天的心理学研究，就像精品超市里的商品，虽然样子精致，耗资不菲，但思想苍白，很难令人感动。

理想爱人　　她的理想伴侣：他要有弗洛伊德的优雅、荣格的神秘、华生的激情、斯金纳的才艺，以及罗杰斯的好脾气。她的现实遭遇：他有弗洛伊德的霸道、荣格的古怪、华生的多情、斯金纳的理智，以及罗杰斯的没主意。

教授吵架　　很多年前，研究动物学习、生理心理学的斯金纳、埃德温·博林，与研究人格社会心理学的默里、奥尔波特、布鲁纳都在哈佛心理学系，是同事。后来啊，搞动物、生理等硬科学与搞人格、社会、临床软科学的互相瞧不起，就吵啊吵啊，最后分家了，后者离开了心理学系，另起炉灶，成立社会关系系。天下大势，合久必分，分久必合。

脑洞大开：如果他们活到今天

如果历史上的心理学人组成一个班级，那些人，会发生哪些事？以下脑洞大开，胡思乱想中……

班干部和优等生：冯特、马斯洛、詹姆斯同学

据说，冯特同学是班长，马斯洛同学是团委书记，他们都发展得很好，是老师眼中的红人，准备进学生会了。不过马斯洛同学的毛病是太善良了，觉得谁都是好人，上周的生活费又被冒充残疾人的小姑娘骗走了。

詹姆斯同学头脑灵活，入学就在外面兼职，现在又组织了剧团，要参加网络小视频大赛。

同学甲："这是高手，我上次看见他还是年级 GPA（平均学分绩点）第一呢！"

转系生和留学生：皮亚杰、维果斯基、铁钦纳同学

皮亚杰同学是转系的，开始很用功，但是最近好像谈恋爱了，很久没来上课了。

同学乙："迟老师，你见过他吗？"

迟老师:“我知道他，何止谈恋爱啊，听说孩子都有了。也不正经上课，天天在家陪孩子玩呢，不知道能不能按时毕业。皮亚杰同学入学岁数大，又喜欢孩子，也可以理解。”

哦哦，还有那个留学生，维果斯基呢?

同学丙:“英文还讲不溜啊，上次作业又让我帮他弄。”

迟老师:“维果斯基同学乡音太浓，我跟他沟通也费劲。”

铁钦纳同学在教学楼抽烟被学生处抓到了，记了大过。不过因为他也是留学生，估计学校不能拿他怎样，统战的需要嘛。

校园红人榜：斯金纳、乔姆斯基、班杜拉、津巴多同学

斯金纳同学虽然不是班干部，但却是校园名人，上过几次电视的。近期被芒果台请去，参加一个叫《天天鸽子营》的节目，正准备跟友台的《非常了得》节目打擂台呢。

同学丙:“没记错的话，应该是文艺特招生吧？”

迟老师:“应该是，中学时他写了本小说，哈哈。”

乔姆斯基同学辅修了希伯来语双学位，但不知俩学位都拿到了吗?据说他最近爱搞些政治社团。

假如心理学家都在一个班级

同学甲：“乔姆斯基最有爱了，正在准备学校社团间的歌曲大赛。”

同学乙：“是校园歌曲卡拉 OK 大赛吧，现在应该出结果了吧，不知道能不能打败去年的冠军、生物系的达尔文以及亚军物理系的牛顿呢？关键今年又出来个英文系的莎士比亚，曲曲都是高难度啊。还有艺术系的贝多芬同学都自编自谈自唱的，可专业了。”

津巴多同学早早展示了他当导演的天赋，某大社团看到了他的才能，正在邀请他导一场歌剧，可演员太难找，又得求助费斯廷格这一天才洗脑说客。为了保证演员的先进性，社团还要求艾克曼过来主持面试。

迟老师笑了笑：“要想判断哪位演员靠不靠谱，看他的微博去！”

还有班杜拉童鞋，最爱模仿名人，经常参加各大选秀节目，广撒网乏收获……终于在毕业前夕决心往 IT 行业发展，毫无悬念地进了某企鹅公司。

毕业难榜：弗洛伊德、荣格、华生同学

弗洛伊德同学最倒霉了，认知、实验和统计“挂”了好几科，正准备补考呢。不仅“挂科”多，他和班长冯特的关系也非常不好。据弗洛姆同学说，冯特几次到辅导员那里打弗洛伊德的小报告了。

据说，弗洛伊德和寝室室友的关系也不咋好，大家都说他很“各色”。晚上睡眠也不好，老做噩梦，睡着后还磨牙。

荣格，你问荣格啊，荣格同学早就因为幻视幻听问题休学了。

据说，华生同学的毛病是常好心做坏事，本来是提醒女同学走光了，但被骂成臭流氓，这动机的事，他还真说不清楚。后来他因为常打架以及思想偏激，被学生处约谈了。

同学乙：“你们不知道吧，华生‘被喝茶’其实是因为乱搞男女关系，但为了保全女方面子，统一口径改为打架和思想偏激。”

同学甲：“我也早看这小子不地道了，哈哈。”

同学丙：“就是，长那么帅，迟早要出事儿！”

更多议论纷纷和爆料：

“这个班女同学忒少了，女老师也少，难怪弗洛伊德同学老‘挂科’，没动力呀！”

“斯金纳同学和乔姆斯基同学在电视上的大学生辩论赛中闹翻了，在争语言和行为哪个更重要呢；斯金纳同学跟罗杰斯同学也意见不合，辩论赛之后，为了证明自己的实力，开始秘密参与军方动物训练营。很多鸽子不明原因失踪……”

“本来阿德勒同学苗子不错，但当年和荣格竞选‘解梦’社团团长的时候失败了，打击太大。后来参加了校园‘活得憋屈’社团，在那里当头儿。而补考面临退学的弗洛伊德同学也组织了‘点儿背’俱乐部，两人抢夺校园倒霉蛋资源。”

“艾森克同学迷恋星座，正想学好统计证明超能力的存在。”

“哈洛同学整天虐待恒河猴是因为自己抑郁；巴甫洛夫同学的狗被保护小动物协会偷走了，正愁实验没法做呢；塞利格曼因为习得性无助那实验做得太好，被警察叔叔叫去专门训练不听话的警犬了……”

“斯滕伯格同学提出成功智力，但是自己小学时的智力测验不合格，被老师点名了。”

心理学系的同学真伤得起呀！

百强心理学家排行榜

至此，大神们的故事告一段落。除了本书中提到的众位大神，在心理学一百多年的历史中，还有很多改变世界的重要心理学家值得我们关注。

在书的最后，我为你列出了二十世纪最具影响力的一百位杰出心理学家，这一排行榜最初由美国《普通心理学评论》杂志发布，也是迄今为止流传度最广、影响力最大的官方榜单。

排名的先后主要考察了以下三个变量的频率：专业期刊中的被引用频率、心理学入门教材中的被引用频率、美国心理学会的一千七百多名会员的主观选择。此外，研究人员还参考了这些因素：该心理学家是不是国家科学院院士，是否被选为美国心理协会主席或获得过美国心理协会杰出科学贡献奖，有没有用他们的名字命名的心理学术语。

你可能已经发现了，榜单最后空出了第一百位心理学家的位置，这是研究者特别设计的。因为即使应用以上标准，仍然会有一些著名的人物未能上榜。例如，我们讲过的遗忘曲线提出者艾宾浩斯就不在榜单内。空缺设计弥补了这种可能出现的遗漏，只要你能列出令人信服的证据，就可以自行填补第一百位伟大的心理学家。

让我们来看看这些人都有谁，以及他们的重要理论或“深耕”的领域吧（标注笑脸的人物为本书出场的大神）。

1 ☺ B. F. Skinner **斯金纳**（1904—1990） 操作性条件反射
2 ☺ Jean Piaget **皮亚杰**（1896—1980） 儿童心理发展
3 ☺ Sigmund Freud **S. 弗洛伊德**（1856—1939） 精神分析
4 ☺ Albert Bandura **班杜拉**（1925—） 社会学习理论
5 ☺ Leon Festinger **费斯廷格**（1919—1989） 认知失调理论
6 ☺ Carl R. Rogers **罗杰斯**（1902—1987） 来访者中心疗法
7 Stanley Schachter **斯坎特**（1922—1997） 上瘾和情绪
8 Neal E. Miller **N. 米勒**（1909—2002） 生物反馈学说
9 ☺ Edward Thorndike **桑代克**（1874—1949） “试误”学习理论
10 ☺ Abraham Maslow **马斯洛**（1908—1970） 需要层次理论 / 高峰体验
11 ☺ Gordon W. Allport **奥尔波特**（1897—1967） 人格特质论
12 ☺ Erik H. Erikson **埃里克森**（1902—1994） 人生发展八阶段论
13 ☺ Hans J. Eysenck **艾森克**（1916—1997） 人格层次模型 / 人格纬度模型
14 ☺ William James **詹姆斯**（1842—1910） 机能主义 / 意识流
15 David C. McClelland **麦克兰德**（1917—1998） 成就动机
16 ☺ Raymond B. Cattell **卡特尔**（1905—1998） 十六种人格因素测验
17 ☺ John B. Watson **华生**（1878—1958） 行为主义
18 ☺ Kurt Lewin **勒温**（1890—1947） 社会心理学 / 场论

19		Donald O. Hebb 海布（1904—1985） 细胞联合理论
20	☺	George A. Miller G. 米勒（1920—2012） 神奇的数字 7±2
21		Clark L. Hull 赫尔（1884—1952） 新行为主义
22		Jerome Kagan 凯根（1929— ） 儿童认知和情绪发展
23	☺	Carl G. Jung 荣格（1875—1961） 分析心理学
24	☺	Ivan P. Pavlov 巴甫洛夫（1849—1936） 条件反射
25		Walter Mischel 米歇尔（1930—2018） 棉花糖实验
26	☺	Harry F. Harlow 哈洛（1905—1981） 比较心理学
27		J. P. Guilford 吉尔福特（1897—1987） 心理测量和人格
28		Jerome S. Bruner 布鲁纳（1915—2016） 与学习有关的认知心理理论
29		Ernest R. Hilgard 希尔加德（1904—2001） 学习和动机
30	☺	Lawrence Kohlberg 科尔伯格（1927—1987） “道德发展阶段”理论
31	☺	Martin E. P. Seligman 塞利格曼（1942— ） 积极心理学
32		Ulric Neisser 奈瑟尔（1928—2012） 认知心理学
33		Donald T. Campbell 坎贝尔（1918—1996） 进化认识论
34		Roger Brown 布朗（1925—1997） 儿童语言学习
35		R. B. Zaionc 扎荣茨（1923—2008） 曝光效应 / 社会促进
36		Endel Tulving 托尔文（1927— ） 记忆的类型和过程
37		Herbert A. Simon 西蒙（1916—2001） 信息加工心理学
38	☺	Noam Chomsky 乔姆斯基（1928— ） 转换生成语法理论
39		Edward E. Jones 琼斯（1928—1993） 人际感知 / 归因理论
40		Charles E. Osgood 奥斯古德（1916—1991） 学习迁移模型
41	☺	Solomon E. Asch 阿希（1907—1996） 从众实验
42		Gordon H. Bower 鲍威尔（1932— ） 认知心理学
43		Harold H. Kelley 凯利（1921—2003） 归隐理论 / 人际关系
44	☺	Roger W. Sperry 斯佩里（1913—1994） 裂脑人研究
45	☺	Edward C. Tolman 托尔曼（1886—1959） 符号学习理论
46	☺	Stanley Milgram 米尔格拉姆（1933—1984）电击权威服从实验 / 六度分离理论

47 Arthur R. Jensen 詹森（1923—2012） 个体之间的行为差异

48 Lee J. Cronbach 克隆巴赫（1916—2001） 克隆巴赫 α 系数

49 John Bowlby 波尔比（1907—1990） 儿童心理发展 / 依恋理论

50 ☺ Wolfgang Kohler 苛勒（1887—1967） 学习的顿悟说

51 David Wechsler 韦克斯勒（1896—1981） 韦氏智力测验

52 S. S. Stevens 斯蒂文斯（1906—1973） 心理物理学 / 幂函数定律

53 Joseph Wolpe 沃尔普（1915—1997） 系统脱敏技术

54 D. E. Broadbent 布罗德本特（1926—1993） 注意的“过滤器模型”

55 Roger N. Shepard 谢巴德（1929—） 空间认知

56 Michael I. Posner 波斯纳（1936—） 认知科学和神经科学

57 Theodore M. Newcomb 纽康姆（1903—1984） 个体的社会化

58 Elizabeth F. Loftus 洛夫特斯（1944—） 被塑造的虚假记忆

59 Paul Ekman 埃克曼（1934—） 情绪表达

60 ☺ Robert J. Sternberg 斯滕伯格（1949—） 智力三元理论 / 爱情三角形理论

61 ☺ Karl S. Lashley 拉什利（1890—1958） 均势原理 / 整体活动原理

62 Kenneth Spence 斯宾塞（1907—1967） 条件作用和学习

63 Morton Deutsch 多奇（1920—2017） 正义感和冲突解决

64 Julian B. Rotter 罗特（1916—2014） 社会学习理论

65 ☺ Konrad Lorenz 洛伦茨（1903—1989） 印刻效应

66 Benton Underwood 安德武德（1915—1994） 语言学习和记忆

67 ☺ Alfred Adler 阿德勒（1870—1937） 个体心理学

68 Michael Rutter 路特（1933—） 儿童精神病学

69 Alexander R. Luria 鲁利亚（1902—1977） 神经心理学

70 Eleanor E. Maccoby 迈克比（1917—2018） 儿童性别差异和发展

71 Robert Plomin 普洛闵（1948—） 遗传和环境

72 ☺ G. Stanley Hall 霍尔（1844—1924） 进化论与心理发展

73 Lewis M. Terman 推孟（1877—1956） 心理测量

74 Eleanor J. Gibson E. 吉布森（1910—2002） 幼儿知觉和阅读 / 视崖

75 Paul E. Meehl 弥尔（1920—2003） 临床心理学

76 Leonard Berkowitz 伯考维茨（1926—2016） 侵犯行为和帮助行为

77 William K. Estes 埃斯塔（1919—2011） 学习过程

78 ☺ Elliot Aronson 阿伦森（1932—） 社会的影响

79 Irving L. Janis 詹尼斯（1918—1990） 群体迷思

80 Richard S. Lazarus 拉扎勒斯（1922—2002） 心理应激理论

81 W. Gary Cannon 坎农（1871—1945） 情绪理论

82 Allen L. Edwards 爱德华斯（1914—1994） 心理测量与统计

83 ☺ Lev Semenovich Vygotsky 维果斯基（1896—1934） 儿童发展理论

84 ☺ Robert Rosenthal 罗森塔尔（1933—） 自我预言效应

85 Milton Rokeach 洛奇赤（1918—1988） 价值观研究

86 John Garcia 加西亚（1917—2012） 味觉厌恶

87 James J. Gibson J. 吉布森（1904—1979） 生态光学理论

88 David Rumelhart 鲁姆哈特（1944—2011） 认知神经科学和人工智能

89 L. L. Thurstone 瑟斯顿（1887—1955） 心理测量

90 ☺ Margaret Washburn 沃什伯恩（1871—1939） 动物行为研究

91 Robert Woodworth 武德沃斯（1869—1962） “刺激 - 机体 - 反应”（S-O-R）模式

92 ☺ Edwin G. Boring 波林（1886—1968） 实验心理学史

93 ☺ John Dewey 杜威（1859—1952） 机能主义 / 教育学

94 Amos Tversky 特沃斯基（1937—1995） 决策过程

95 ☺ Wilhelm Wundt 冯特（1832—1920） 科学心理学

96 Herman A. Witkin 威特金（1916—1979） 个体差异

97 Mary D. Ainsworth 安斯沃斯（1913—1999） 早期情感依恋

98 Orval Hobart Mowrer 莫瑞尔（1907—1982） 学习理论

99 Ama Freud A. 弗洛伊德（1895—1982） 儿童精神分析

100 ______________________________

参考书目

［1］E. G. 波林 . 实验心理学史 [M]. 高觉敷，译 . 北京：商务印书馆，2009.

［2］乔纳森 · 海特 . 象与骑象人 [M]. 李静瑶，译 . 浙江人民出版社，2012.

［3］Rom Harre. 他们改变了心理学 : 50 位杰出的心理学家 [M]. 刘儒德，译 . 上海：华东师范大学出版社，2007.

［4］彼得 · 班克特 . 谈话疗法 : 东西方心理治疗的历史 [M]. 李宏昀，沈梦蝶，译 . 上海社会科学院出版社，2006.

［5］托马斯 · 布拉斯 . 好人为什么会作恶 [M]. 赵萍萍，译 . 杭州：浙江人民出版社，2017.

［6］车文博 . 西方心理学史 [M]. 杭州：浙江教育出版社，1998.

［7］戴维·霍瑟萨尔，郭本禹 . 心理学史 [M]. 郭本禹，魏宏波，朱兴国，等译 . 北京：人民邮电出版社，2001.

［8］杜·舒尔兹，西德尼·埃伦·舒尔兹 . 现代心理学史 [M]. 叶浩生，译 . 南京：江苏教育出版社，2011.

［9］B. R. 赫根汉，T. 亨利 . 心理学史导论 : 第七版 [M]. 郭本禹，方红，等译 . 上海：华东师范大学出版社，2020.

［10］荆其诚，傅小兰 . 心 · 坐标 : 当代心理学大家 (一)[M]. 北京大学出版社，2008.

[11] 荆其诚，傅小兰 . 心 · 坐标 : 当代心理学大家 (二)[M]. 北京大学出版社，2009.

[12] 荆其诚 , 傅小兰 . 心 · 坐标 : 当代心理学大家 (三)[M]. 北京大学出版社，2011.

[13] 劳伦 · 斯莱特 .20 世纪最伟大的心理学实验（纪念版）[M]. 郑雅方，译 . 北京联合出版公司，2017.

[14] 马丁 · 塞利格曼，真实的幸福 [M]. 洪兰，译 . 北京联合出版公司，2010.

[15] 马修 · 斯图尔德 . 管理咨询的神话 [M]. 任文科，译 . 北京：中国人民大学出版社，2009.

[16] 熊哲宏 . 你不知晓的 20 世纪最杰出心理学家 [M]. 北京：中国社会科学出版社，2008.

[17] 熊哲宏 . 管理心理学大师的人格魅力与创新思想 [M]. 北京：中国社会科学出版社，2010.

[18] 熊哲宏 . 我爱故我在：西方文学大师的爱情与爱情心理学 [M]. 北京大学出版社，2011.

未来，属于终身学习者

我这辈子遇到的聪明人（来自各行各业的聪明人）没有不每天阅读的——没有，一个都没有。巴菲特读书之多，我读书之多，可能会让你感到吃惊。孩子们都笑话我。他们觉得我是一本长了两条腿的书。

——查理·芒格

互联网改变了信息连接的方式；指数型技术在迅速颠覆着现有的商业世界；人工智能已经开始抢占人类的工作岗位……

未来，到底需要什么样的人才？

改变命运唯一的策略是你要变成终身学习者。未来世界将不再需要单一的技能型人才，而是需要具备完善的知识结构、极强逻辑思考力和高感知力的复合型人才。优秀的人往往通过阅读建立足够强大的抽象思维能力，获得异于众人的思考和整合能力。未来，将属于终身学习者！而阅读必定和终身学习形影不离。

很多人读书，追求的是干货，寻求的是立刻行之有效的解决方案。其实这是一种留在舒适区的阅读方法。在这个充满不确定性的年代，答案不会简单地出现在书里，因为生活根本就没有标准确切的答案，你也不能期望过去的经验能解决未来的问题。

而真正的阅读，应该在书中与智者同行思考，借他们的视角看到世界的多元性，提出比答案更重要的好问题，在不确定的时代中领先起跑。

湛庐阅读 App：与最聪明的人共同进化

有人常常把成本支出的焦点放在书价上，把读完一本书当作阅读的终结。其实不然。

时间是读者付出的最大阅读成本

怎么读是读者面临的最大阅读障碍

“读书破万卷”不仅仅在“万”，更重要的是在“破”！

现在，我们构建了全新的“湛庐阅读”App。它将成为你“破万卷”的新居所。在这里：

- 不用考虑读什么，你可以便捷找到纸书、电子书、有声书和各种声音产品；
- 你可以学会怎么读，你将发现集泛读、通读、精读于一体的阅读解决方案；
- 你会与作者、译者、专家、推荐人和阅读教练相遇，他们是优质思想的发源地；
- 你会与优秀的读者和终身学习者为伍，他们对阅读和学习有着持久的热情和源源不绝的内驱力。

下载湛庐阅读 App，
坚持亲自阅读，
有声书、电子书、阅读服务，
一站获得。

CHEERS

本书阅读资料包

给你便捷、高效、全面的阅读体验

本书参考资料

湛庐独家策划

- 参考文献
  为了环保、节约纸张，部分图书的参考文献以电子版方式提供
- 主题书单
  编辑精心推荐的延伸阅读书单，助你开启主题式阅读
- 图片资料
  提供部分图片的高清彩色原版大图，方便保存和分享

相关阅读服务

终身学习者必备

- 电子书
  便捷、高效，方便检索，易于携带，随时更新
- 有声书
  保护视力，随时随地，有温度、有情感地听本书
- 精读班
  2~4周，最懂这本书的人带你读完、读懂、读透这本好书
- 课　程
  课程权威专家给你开书单，带你快速浏览一个领域的知识概貌
- 讲　书
  30分钟，大咖给你讲本书，让你挑书不费劲

湛庐编辑为你独家呈现
助你更好获得书里和书外的思想和智慧，请扫码查收！

（阅读资料包的内容因书而异，最终以湛庐阅读App页面为准）

倡导亲自阅读

不逐高效，提倡大家亲自阅读，通过独立思考领悟一本书的妙趣，把思想变为己有。

阅读体验一站满足

不只是提供纸质书、电子书、有声书，更为读者打造了满足泛读、通读、精读需求的全方位阅读服务产品——讲书、课程、精读班等。

以阅读之名汇聪明人之力

第一类是作者，他们是思想的发源地；第二类是译者、专家、推荐人和教练，他们是思想的代言人和诠释者；第三类是读者和学习者，他们对阅读和学习有着持久的热情和源源不绝的内驱力。

CHEERS

以一本书为核心

遇见书里书外，更大的世界

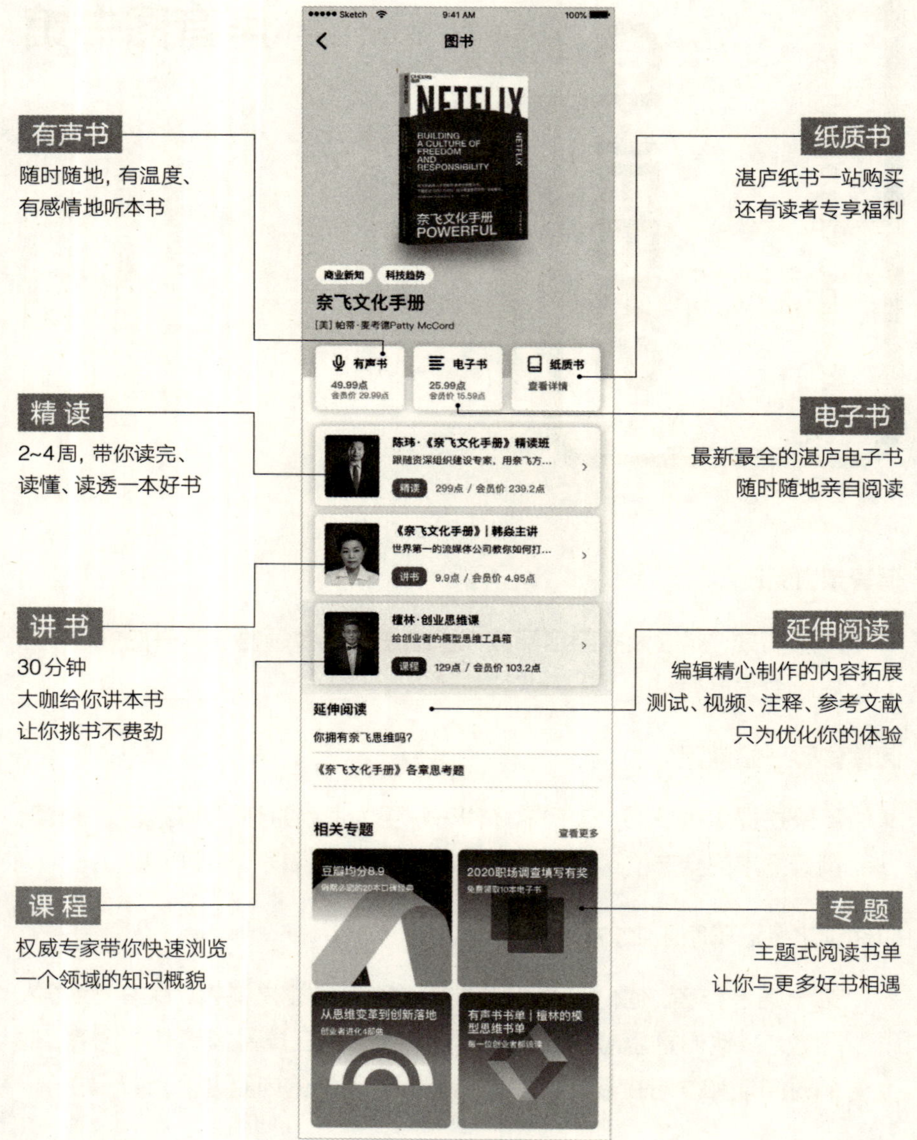

图书在版编目（CIP）数据

爆笑吧！心理学大神来了 / 迟毓凯著 .— 北京：
北京联合出版公司，2020.7（2024.5重印）
ISBN 978-7-5596-4299-8

Ⅰ.①爆… Ⅱ.①迟… Ⅲ.①心理学—普及读物
Ⅳ.①B84-49

中国版本图书馆CIP数据核字（2020）第099520号

上架指导：畅销书 / 心理学

爆笑吧！心理学大神来了

作　　者：迟毓凯
选题策划：湛庐CHEERS
出 品 人：赵红仕
责任编辑：夏应鹏
封面设计：ablackcover.com
版式设计：湛庐CHEERS 张志浩

北京联合出版公司出版
（北京市西城区德外大街 83 号楼 9 层　100088）
石家庄继文印刷有限公司印刷　新华书店经销
字数 224 千字　710 毫米 ×965 毫米　1/16　16.25 印张　2 插页
2020 年 7 月第 1 版　2024 年 5 月第 6 次印刷
ISBN 978-7-5596-4299-8
定价：69.90 元